Nada tiene sentido

NADA TIENE SENTIDO

¿Por qué compraste este libro?

LUIS G. GARZA

Copyright © 2019 Luis Alberto González Garza

Todos los derechos reservados.

ISBN-13: 9781091819450

Índice

INTRODUCCIÓN

Primera parte
    ¿Existe Dios?
    Nuestro origen según la ciencia
    Regresión infinita
    ¿Somos una casualidad improbable?
    Los milagros y la oración
    Libre albedrío
    El plan divino
    La biblia
    Dioses de la historia
    Todo es permitido
    ¿Creer o no creer?
    Si Dios no existiera tendría que inventarse

Segunda parte
    No eres especial
    La realidad
    La conciencia
    Relatividad general
    El tiempo
    Teoría de cuerdas
    Multiverso
    La muerte
    Nuestro miedo a la perdida

¿Debemos temerle a la muerte?
Extraterrestres
Escala de Kardashov
Paradoja de Fermi
No somos inteligentes
Definición de vida
El valor de la vida
El sentido de la vida es individual
Nada importa

INTRODUCCIÓN

Este libro no lo hago por mí, para mí, esto es una prueba. Esto lo hago para ti, para que te sea útil, ya que siendo te útil a ti, seré útil al mundo debido a que el mundo es una totalidad y tú eres una parte del mundo. Por lo tanto, si tú progresas, el mundo progresa.

Mi objetivo es que entiendas que nada tiene sentido, ya que no hay evidencia de tener una meta o un propósito específico para esta vida, todos y absolutamente todos tenemos el derecho de crear nuestro propio sentido de la vida.

Tal vez algunas personas ven la vida como una especie de prueba o como un juego en el cual deben alcanzar una meta que ellos mismos inventaron o tal vez como un ciclo sin fin, pero eso es perspectiva. Cualquier cosa que quieras creer es aceptable siempre y cuando te haga feliz. Debido a que el universo es tan grande que nada importa no existe un significado correcto.

Ciertamente todos tienen el derecho de crear su sentido, su meta, o su razón de seguir respirando, ya que probablemente no hay un propósito para la vida ni para nada en el universo.

Debido a que los humanos saben que algún día se van a morir necesitan saber qué hay después de esta vida, y la religión no es nada más que un paracaídas para todas esas personas que le tienen miedo a la oscuridad. De todas formas si no hubiese nada no sufrirás, al igual que no hubieses sufrido si no hubieses nacido. Además si tú mueres serás solo un humano más que nació, vivió y murió debido a que al universo no le importa tu vida ni la de nadie, simplemente eres una pequeña parte más de la infinidad del universo

El hecho de que tenemos conciencia no significa nada, solo eres algo más en la existencia, al igual que un árbol o una roca y en realidad el acto de pensar no es nada más que una mera casualidad.

Lo más probable es que si hay algo después de lo que llamamos muerte. La responsable de hacer que pensemos, dudemos y cuestionemos es nuestra conciencia y esta es inmaterial, no necesariamente debe venir de un mundo físico, es decir que podemos venir de un mundo donde lo físico no existe, podemos ser todos uno solo, dividido en una infinidad de partes, sin embargo eso no lo sabemos y no podemos saberlo al menos hoy en día, debido a esto no podemos saber de dónde venimos ni adónde vamos, ni siquiera sabemos que somos en sí, de igual manera ocurre esto con la muerte. Por eso tenemos la capacidad y sobre todo la necesidad de crear un significado independiente para cada uno de nosotros.

Si no me equivoco, Voltaire dijo una vez "Si Dios no existiera tendría que inventarse". A pesar de que nada tiene o tendrá sentido nosotros podemos sobresalir en el sistema creando nuestro propio sentido, ya que no existe sentido de la vida, más sin embargo existe significado.

La verdad es que hasta la fecha no hemos podido encontrar un sentido a la vida, un propósito de nuestra existencia o incluso una razón para vivir y por eso, por falta de evidencia debemos simplemente buscar una finalidad, ya que tenemos esa necesidad de encontrar un propósito para nuestra existencia y debido a que aún no tenemos ninguna respuesta o evidencia de que estamos aquí por alguna razón, podemos, primeramente deducir que no estamos aquí por nada.

Debido a que hasta la fecha no tenemos una razón para vivir creo que cada quien individualmente y sin dejar que nadie influencie en su decisión debe encontrar su propio sentido de la vida, su propia razón para vivir y seguir respirando. Definitivamente lo más correcto y apropiado sería que cada quien se diera a sí mismo su propio sentido de la vida.

Debemos vivir por nosotros, no necesitamos una razón para vivir y no la necesitaremos nunca, pero desgraciadamente existen ciertas personas que si las necesitan por múltiples razones, o más bien se creen a sí mismas y se meten en la cabeza que necesitan una razón, sólida y concreta o mínimo lo que llaman fe para vivir, prosperar y tener vidas felices. A pesar de esas personas quiero creer que las demás no necesitan una razón para vivir, más que su simple presencia y deseo.

Tu debes vivir por ti mismo, por tu familia, por tus hijos, por tus hermanos o padres, por tus amigos o si así lo deseas, puedes vivir sin depender de nadie y hacerlo solo por ti mismo, incluso puedes vivir sin razón porque tienes la capacidad de hacerlo, pero obviamente esa debe ser tu decisión. Piensa en cualquier acción que hagas, cualquier decisión que tomas, piensa para qué lo haces y por qué, la verdad es que no hay razón. No estamos aquí por nada ni para nada.

Estamos aquí y estás vivo, tal vez en el futuro descubramos el sentido de la vida, el origen del universo y tal vez en ese momento cambiaremos a la raza humana, pero hasta entonces debemos basarnos en la evidencia y la compasión. Si ya estás aquí lo mejor que puedes hacer es disfrutar lo que llamamos " vida ", ya que al universo no le importa si vivimos o morimos.

Debemos unirnos como raza humana, aunque a fin de cuentas todos vamos a morir.

Este libro es precisamente para que entiendas por qué haces las cosas que haces y para que te des cuenta de que nada tiene, tuvo o tendrá sentido algún día. Para que puedas comprender eso, deberás aceptar las cosas como son para que así puedas entender cosas que nunca imaginaste y abrir tu mente.

Cuando ves un libro que dice como título "Nada Tiene Sentido" muchas personas simplemente lo ignoran porque no les interesa, otras incluso pueden llegar a ofenderse por así decirlo con el simple título y otras a pesar de tener ligera curiosidad no les importaría.

En mi opinión, una persona que compra un libro que dice "Nada Tiene Sentido" me parece que puede ser por que en realidad si le interesa el tema y está abierto a nuevas posibilidades, porque la verdad es, que una persona que le interesa el sentido de la vida, el origen del universo o el propósito de su existencia, etcétera, es una persona curiosa e inteligente. O bien otra razón por la que tal vez tienes este libro sea porque estés en depresión o porque no sabes qué hacer con tu vida y ciertamente eso es estúpido.

A veces andamos por ahí sin saber quienes somos o que queremos, y eso es válido, la verdad es que nunca sabremos quienes somos ni qué queremos porque simplemente no podemos ver más allá de nuestra propia mente y si lo logramos sería imposible porque siempre vamos a querer más. Es imperativo que abran sus mentes y sean genios, sin embargo, el hecho de deprimirse no será posible nunca, puesto que de ser así jamás desarrollarás tu vida correctamente o bien solo tendrás que auto convencerte de que todo lo malo de tu vida te hace más fuerte.

Hablaré desde mi punto de vista sobre cómo creo que deberían ser las cosas y que opino de ellas. Empezando en que creo que nadie está aquí por alguna razón. La vida vale por igual sin embargo eso no significa que me deprimiré o que me suicidare por no tener una razón verdadera para vivir.

Los seres humanos tenemos esa manía de buscarle una finalidad a nuestras acciones pero dejando eso por un lado el hecho de creer que no hay sentido no tiene que ser una razón para vivir triste, amargado o incluso no vivir. Imagina que matas a una hormiga, estoy cien por ciento seguro que ya lo has hecho y por eso si te digo que mates a otra hormiga no será un gran problema, excepto cuando te pones a pensar que es vida y que en realidad la vida de esa hormiga vale exactamente lo mismo que la tuya, nada.

Matar a cualquier ser vivo en el planeta es lo mismo que matar a un ser humano porque estamos hablando de vida. Lo único que te pido es que estés abierto a nuevas opciones. No te pido que me creas o que tomes esto como cierto, pero si me gustaría que lo tomes en cuenta.

Dicho esto es hora de comenzar con un pequeño escalón para que tengas la capacidad de pensar por ti mismo y no solo eso sino para que también logres darle un sentido concreto a tu vida. Cabe mencionar que yo no voy a decidir nada por ti, no puedo a pesar de que quiera hacerlo. Tu mismo deberás hacerlo y sé que podrás en el caso de que no lo hayas hecho aún.

En realidad quiero que entiendas ciertas cosas, y realmente quiero que entiendas el sistema y quiero que te des cuenta de que te controla y eres manipulado diariamente. Quiero que te des cuenta de que las religiones no son necesarias en tu vida, que la realidad no es más que una ilusión y que la muerte no existe, pero sobretodo mi mayor interés es compartirte mi punto de vista y hacerte entender que nada tiene sentido.

PRIMERA PARTE

¿Existe Dios?

Antes que nada, debo aclarar que yo no se nada más al respecto que el resto de mortales en el mundo. Y no me considero algún poseedor de la verdad. Creo que este es un tema científico y filosófico que ayuda en la vida personal. Pero solamente intentaré brindarte información para que al final tu mismo te respondas dicha pregunta ¿existe Dios? Cabe destacar que esta no es una pregunta que pueda ser respondida con un si o un no, ya que de hecho Dios, existe y no existe al mismo tiempo.

Primero debemos estar de acuerdo en que o quién es Dios. La idea de lo divino ha estado presente desde el inicio de la cultura humana, pero ha cambiado enormemente en cada etapa de la historia y de una cultura a otra. Desde hace más de 30,000 años, los seres humanos han representado a seres divinos. Y desde hace por lo menos 15,000 años se acostumbraba despedir a los muertos mediante entierros rituales, los cuales suponen qué hay otra vida después de esta.

En esta época se pensaba que todo en la naturaleza tenía un alma o espíritu. Esta idea se llama Animismo y no incluye la noción de un Dios todopoderoso.

En la época neolítica aparece en muchas culturas la idea de dioses como seres encargados de diferentes fenómenos naturales, la lluvia, el trueno, el sol, o aspectos de la vida como la cosecha, la guerra y la maternidad. Hechos sobre los cuales los humanos no poseen mucho control, por lo que resulta gratificante creer qué hay seres a los cuales se les puede pedir resultados propicios.

Con el seguimiento de la escritura aparecen las religiones organizadas como en Egipto, la India y Mesopotamia. Así ya es posible fijar en piedra los reglamentos y rituales. Los dioses ya tenían historia, relaciones y jerarquías claramente establecidas como los de la mitología griega.

En estas sociedades llamadas teocracia, las religiones cumplen dos funciones sociales muy importantes. En primer lugar ayudan a mantener la paz, ya que las reglas que surgen de ella proveen un incentivo para no matar a los vecinos. En segundo lugar ayuda a legitimar la posición de autoridad central, ya que los reyes y las jerarquías se consideran de origen divino. Idea que persiste en algunas religiones actuales.

En esta época, entre unas tribus del desierto de hace más de 3,000 años surge el judaísmo. Parece que al principio aceptaban la idea de varios dioses a los que no debían adorar, pero hace 600 años se define como la primera religión que cree en un solo Dios, es decir monoteísmos. Ideas como el bien y el mal, la creencia en un mesías, en el cielo y el infierno. De los cuales trató de demostrar que el bien y el mal no existen, al igual que el infierno, y sobre todo los famosos mesías, de los cuales hemos tenido muchos. Por lo que el cielo es lo único de lo que no podemos negar o afirmar nada.

De la tradición judía surge Jesús, el cual, con su énfasis en el amor y el perdón, funda el cristianismo en la edad media en el siglo V. San Agustín de Hipona incorpora muchas ideas de Platón a las enseñanzas de

Jesús y da origen al cristianismo moderno. (por cierto, Platón creía que el mundo fue creado) Y en el siglo VII, Mahoma funda el islam, la más reciente religión monoteísta.

Actualmente existen cientos de religiones nuevas y antiguas. Y aunque tienen muchas coincidencias cada una entiende el concepto de Dios de manera diferente y cada persona incluso dentro de una misma religión tiene una idea distinta, eso sin mencionar las filosofías espirituales como el Budismo y el Naturalismo que no creen en un Dios personal.

¿Podemos entonces negar o afirmar su existencia si ni siquiera estamos de acuerdo en que significa Dios?

Plantear preguntas cómo estás, ¿existe o no existe Dios? a otras personas es algo muy humano. Frecuentemente lo hacemos con la esperanza de que los demás opinen lo mismo que nosotros, reforzando así nuestra postura a pesar de que ese hecho no significa que sea correcto. En el caso de que opine algo diferente nos vemos tentados a ponerles una etiqueta con la que clasificamos y juzgamos fácilmente.

Cuando las personas tenemos opiniones diferentes sobre todo acerca de cuestiones difíciles de responder y de demostrar, suele suceder que se forman equipos, bandos que solo nos separan más y más. Estos pueden ser religiosos, políticos e incluso deportivos.

Compartir opinión con uno de los bandos nos da un sentido de pertenencia y contribuye a construir nuestra identidad. Por eso cuando alguien cuestiona nuestra convicción, generalmente no lo tomamos como una posibilidad de mejorar nuestras ideas, sino cómo un ataque a nuestra misma identidad y al grupo que pertenecemos.

Con mucha frecuencia las discusiones sobre todo en Internet no tienen la intención de cambiar la opinión del otro y mucho menos de escucharla, sino de reforzar los vínculos con el grupo propio.

Pero sucede que las ideas más exitosas no suelen ser las que están más de acuerdo con la realidad, sino las que más emociones fuertes causa, como el enojo. Por eso este tipo de discursos llevan representaciones estereotipadas del otro grupo que distorsionan y agrandan sus características negativas. Al reforzar las diferencias se vuelve más fácil atacar a los otros tanto de manera simbólica como física.

Lo más grave es que cuando se llega a la mentalidad de "si no estas conmigo, estas contra mi", tan frecuente en los fanatismos religiosos y nacionalistas, que ha provocado tanta muerte y destrucción, ya que el ser humano es capaz de matar a otro individuo por el simple hecho de pensar diferente.

Lo cierto es que nadie sabe la respuesta a esta pregunta debido principalmente a que ni siquiera estamos de acuerdo en que significa Dios. Además nadie tiene el derecho de obligar a alguien a creer o no creer en algo o en alguien, a comportarse de cierta forma u otra, ya que eso sería lo que Dios quiere que hagamos en el caso de que exista. ¿Verdad?

Pero claro, si existe un Dios debes saber que escapa de nuestra comprensión y no podríamos entenderlo ni cuestionarlo. Incluso nuestros problemas de lógica y sentido que ponen a prueba la existencia de Dios dejarían de importar, ya que tendría un control externo de nuestro universo. Algo parecido a controlar diversas dimensiones a través de una externa.

Entonces básicamente todos tienen una idea distinta de Dios y debido a eso es imposible debatir sobre este, ya que siempre tendremos opiniones diferentes, las cuales no permiten un desarrollo en el "debate".

Pero suponiendo que lo interpretamos como un ser todopoderoso, todo amor, que nos creo a su imagen y semejanza porque nos ama, el cual tiene un plan divino y una lista de las diez cosas que no quiere que hagas. Entonces puedo tratar de debatir al respecto sobre la base de esta idea.

Básicamente debatiré sobre Dios a lo largo del libro dando en la primera parte algunas razones, pruebas y argumentos de que Dios no existe, al menos como lo interpretamos. Además hablaré sobre cómo sería Dios en el caso de que exista.

Si Dios existe no es todopoderoso y si creó nuestro universo habría tenido ciertos límites al momento de hacerlo debido a las leyes de la física que rigen nuestro universo.

Si Dios existe muy probablemente su existencia no tiene sentido. Solo piénsalo, eres un Dios, que lo sabe todo, entonces no tendrías nada nuevo que aprender o descubrir. La verdad es que sería una existencia muy aburrida.

Si Dios existe no es perfecto, al menos según nuestra definición, ya que para ello nosotros y todo el universo también tendría que ser perfecto y nosotros claramente no somos perfectos, cuando se supone incluso, que somos el centro de la creación, porque se supone que fuimos creados a su imagen y semejanza ¿cierto?

La biblia ciertamente está equivocada y es imposible que sea literal, debido a sus contradicciones. Sin embargo, podríamos decir que no está del todo mal porque la biblia es algo que se debe interpretar. Pero en ese caso todos la interpretaríamos de manera diferente y por consiguiente perderíamos el poco "control" que tenemos sobre la tierra, o más bien la paz y el orden.

Además la oración no funciona y los llamados "milagros", no son nada más que producto de la probabilidad.

Si Dios tiene un plan divino tan perfecto, entonces nuestras vidas ya están planeadas, nuestras decisiones ya fueron tomadas por alguien más y no importan, puesto que para ser todo una casualidad, todo debe estar perfectamente alineado y sincronizado, lo cual significa que tu vida, cada momento de ella, cada pensamiento tuyo, cada suspiro y demás fueron planeados por Dios.

Aunque tal vez no debería importar ya que ni siquiera nos damos cuenta de ello. "Tomamos" decisiones que creemos nuestras pero no es así. Si Dios existe y tiene un plan divino para funcionar deben suceder ciertas cosas predeterminadas, es decir, que todo en el mundo, absolutamente todo es parte de dicho plan. Entonces da lo mismo cualquier cosa que hagas ya que está predeterminado. Es decir, que este libro, por ejemplo, fue planeado por Dios. Él decidió que yo escribiera cada palabra de este libro de la forma en la que está escrita y por si no te has dado cuenta estoy transmitiendo un incentivo para no creer en Dios, así que aunque resulte incoherente así lo quiso Dios. En ese caso qué hay de mí ¿porque decido que no creyera en él? En todo caso no seria culpa mía.

También si Dios tiene un plan divino puedes dar por hecho que iremos al cielo ya que el decido todo por adelantado pero en ese caso que extraño de su parte haber creado el "infierno". Además si matas a alguien por ejemplo no es tu culpa, simplemente así lo quiso Dios. Y para suceder tuvo que ajustar las circunstancias a la perfección y planear todo por adelantado. Por lo que cada asesino no es realmente malo.

Hitler por ejemplo no era malo, es solo que así lo quiso Dios, planeando sus pensamientos y por consiguiente sus acciones por adelantado, antes siquiera de que Hitler tomara esas decisiones.

¿Pero entonces que culpa tiene Hitler si solo fue una marioneta de mal gusto? ¿Acaso irá al infierno por matar a tantas personas? La respuesta seria no, porque esos eventos no estuvieron en Hitler realmente, sino en

Dios. Entonces si Dios tiene un plan divino, todos iremos al cielo, seas asesino, pobre, rico, humilde, etc. Así que da igual lo que hagas, mejor simplemente diviértete haciendo lo que quieras ¿verdad? (Por cosas como estas se inventaron las religiones) En mi humilde opinión Dios no es perfecto y no tiene un plan divino. Pero a todos nos gustaría que así fuera puesto que podríamos hacer cualquier cosa.

Ahora si Dios no tiene un plan divino significa que no tenemos un destino asegurado, que no planeo nuestra vida ni muerte, no planeo nuestros pensamientos ni nada por el estilo, por lo que en ese caso nuestra vida tendría un poco más de sentido. Sin embargo entonces cuando pasan cosas malas no es porque Dios lo planeo, y es ahí cuando surge una gran pregunta ¿Dios nos ama? Además si Dios no planeo nuestras acciones, si somos libres y no tenemos destino ¿por que nos creo? (no se vale decir, por que nos ama)

¿Acaso Dios te creo para algo? ¿Por algo? ¿Para ir al cielo? Solo piensa lo, si tú fueras Dios y tienes tanto poder y tanta sabiduría, de que te sirve crear seres vivos. Me parece, a pesar de que es arrogante y solo una idea, que si Dios existe independientemente si tiene un plan divino o no, no somos nada más que parte de su entretenimiento. Ya que si tiene un plan divino entonces está presenciando una historia escrita por el mismo. O bien si no tiene un plan divino está presenciando una obra con posibilidades aleatorias, lo cual resultaría muy interesante y entretenido.

El infierno no existe y si Dios nos ama iremos al cielo, suponiendo que este existe, pero si no nos ama, bueno ya veremos. Entones todos iremos al cielo porque tiene un plan divino y eso es prueba suficiente. Pero si no lo tiene iremos igualmente ya que no existe nada universal y absoluto, el bien y el mal es independiente de la perspectiva del observador.

Mi análisis seria que Dios no existe. Y en el caso de que exista seria algo muy diferente de como lo imagina el mundo debido a su alto rango en la existencia y nuestra pequeña capacidad de comprensión.

Cabe mencionar que es aceptable creer en Dios a pesar de no tener pruebas y que muy probablemente solo es un engaño más, ¿Porque, la verdad, a quien le importa si lo controlan?

Nuestro origen según la ciencia

Antes se creía que la tierra era el centro del universo pero ahora con el paso de los años hemos descubierto que el universo no tiene centro ni límite. No existe un punto en particular con el cual basarnos.

Desde nuestro origen nos hemos preguntado cómo surgió todo. Cómo se formó el universo, la tierra y la vida misma. Cada mitología alberga una historia diferente la cual busca brindar respuestas y explicar lo todo.

Aristóteles por ejemplo, pensaba que el universo siempre existió. Lo cierto es que en la actualidad solo tenemos teorías e ideas, las cuales creemos correctas, sin embargo ninguna es verdaderamente cierta. Incluso cabe la posibilidad de que todo se creó hace apenas cinco minutos y todos tus recuerdos son falsos.

Podemos estar seguros de que el universo ha existido por siempre o bien comenzó en algún punto. En 1929, Edwin Hubble realizó una increíble observación, la cual plantea que dondequiera que miremos en el espacio las estrellas distantes se están alejando rápidamente de nosotros. Es decir, que el universo se está expandiendo por lo tanto la conclusión evidente es que si las galaxias se alejan unas de otras significa que en un momento dado toda la materia del universo estuvo en un mismo lugar. En aquel momento hace aproximadamente catorce mil millones de años la densidad del universo y la curvatura del espacio-tiempo habrían sido infinita.

Stephen Hawking y Robert Penrose usando la teoría de la relatividad general y observaciones directas demostraron en 1965 que el universo, el tiempo y el espacio si tuvieron un principio, y ese punto en el espacio tiempo le llamamos singularidad, una zona con densidad de energía infinita. La cual explotó formando todo nuestro universo, a esta explosión se le conoce como el Big Bang.

Aunque posiblemente te preguntes qué había antes de esa gran explosión, es eso lo que precisamente la hace singular.

Si te pido que vayas al polo norte y tú amablemente llegas ahí, pero luego te pido que vayas más al norte ¿a dónde irías? Siendo el norte un lugar finito o más bien singular no es posible preguntar qué había antes del inicio, ya que el espacio y el tiempo mismo comenzó en el Big Bang.

Pero siendo el universo incluso más pequeño que un átomo la teoría de la relatividad general de Einstein no es suficiente, es ahí donde entra la teoría de la mecánica cuántica, la cual explica el funcionamiento de la materia a escala microscópica.

La razón por la que se formaron planetas, estrellas y galaxias es por que el universo cuántico era irregular. Y nuestra existencia se debe a las irregularidades probabilistas del micro universo cuántico.

Desgraciadamente no podemos saber con certeza cómo iniciaron las cosas. La humanidad en su lucha por descubrir la verdad ha planteado algunas propuestas muy interesantes, como por ejemplo, la teoría del Big Bang, que es lo mejor que tenemos hasta ahora, sin embargo, existen otras posibles respuestas para el origen del universo.

Además Stephen Hawking planteó una forma de ver las cosas un tanto interesante. Siendo así una buena razón para creer que Dios no existe. "Si el universo partió de un punto y de ese punto se creó el espacio y tiempo, antes de ese punto no existía el espacio y el tiempo, por lo tanto nada podría haber antes de ese punto y si pensamos que había algo sería imposible porque ni tuvo espacio ni tuvo tiempo para existir."

Ese argumento es muy sólido y muy respaldado por la ciencia. Nadie creó el universo. Este surgió de una explosión. Y en el caso de que haya habido sucesos anteriores a ese momento, no podrían afectar nuestro tiempo presente. Y consiguientemente su existencia podría ignorarse, porque no tendría consecuencias observacionales.

Las observaciones de Edwin Hubble sugerían que hubo un momento llamado el Big Bang en el cual, el universo era infinitesimal mente pequeño y, por consiguiente, infinitamente denso. Lo que hoy en día se conoce como singularidad. Entonces un universo en expansión no refuta la existencia de Dios más sin embargo, significa que un creador habría tenido ciertos límites al momento de crearlo.

Teoría del Big Bang

Según esta teoría, hace aproximadamente 13,800 millones de años, la materia era un punto infinitamente pequeño y de altísima densidad que, en un momento dado, explotó y se expandió en todas las direcciones, creando lo que hoy en día conocemos como, nuestro universo.

Teoría del Estado Estacionario

Está teoría planeta que en el universo constantemente se está creando materia. Lo que mantiene su densidad constante y no tiene necesidad de principio ni final. Precisamente 1 protón por cada mil centímetros al cuadrado, cada mil millones de años. Esta teoría además de ser muy lógica y atractiva demuestra a base de sus predicciones que el número de galaxias u objetos similares en cualquier volumen dado de espacio debería ser el mismo donde y cuando quiera que miremos en el universo.

Teoría Inflacionaria

Esta teoría predice que el universo es esencialmente plano. Basada en la teoría del Big Bang, sostiene un modelo de expansión cósmica con el objetivo de brindar una solución al problema del horizonte.

Un buen ejemplo sería un globo, no literalmente, esto solo es una analogía. Imaginemos un globo desinflado, este como nuestro universo en su punto cero. Al ser tan pequeño todo está en contacto y todo tiene la misma temperatura. Por lo general este universo estaría en expansión y sus diferentes partes evolucionarán de forma distinta.

Al final, inflándolo veríamos un universo distinto del de hoy, ya que cada parte tendría su propia temperatura. Pero la teoría inflacionaria propone que cuando la singularidad colapsó, está se expandió más rápido que la luz, lo cual contradice la relatividad general de Einstein. (Einstein planeta que en el espacio nada puede ir más rápido que la luz) En nuestro globo, el espacio es su superficie por lo tanto ningún objeto que se mueva en ella puede alterar su límite. Sin embargo en la inflación es el espacio lo que se expande más rápido que la luz, es el propio globo. En ese caso entonces esta teoría es compatible con la relatividad de Einstein.

Teoría de universo oscilante

Está teoría propone que el universo es un ciclo. Para cuando el universo llegue a su fin o a su punto límite y ya no pueda estirarse más, este comenzará a contraerse, creando así un Big Crunch, seguido por supuesto de un Big Bang. Así el universo volvería a comenzar una y otra vez.

Teoría de la creación

Está teoría procede de ámbitos religiosos y filosóficos. En todos los casos se basa en que el origen del universo no estuvo en sí mismo, sino en una entidad externa generalmente denominada como Dios. Sin embargo no hemos podido demostrar a base de la tecnología y ciencia una prueba tangible de esta teoría. Por lo tanto esta es una teoría relegada al ámbito de la fe más que al de la ciencia.

Independientemente sea cual sea la teoría correcta podemos afirmar que ninguna posee lógica o finalidad dentro de nuestra insignificante perspectiva. Por lo tanto esta vida como tal no influye en ningún acontecimiento extracurricular del universo. Así que no tenemos un propósito, finalidad o sentido dentro de la existencia. Sabemos que el tiempo define los inicios y los finales, pero si antes del Big Bang no existía el tiempo nunca existió un principio.

Regresión infinita

Todo lo que comienza a existir tiene una causa. Una silla por ejemplo, su causa es la persona que la fabricó, el material con el que se hizo y demás, antes no existía y ahora relativamente existe. Un libro nace dependiendo de sus partes, sus páginas, su tinta y portada. Un jarrón azul nace dependiendo de sus partes, arcilla y pintura. Incluso el espacio en sí tiene partes. El espacio depende del norte, sur, este y oeste. El común denominador de todas las cosas es que tienen una causa. El problema nace cuando se vuelve un ciclo sin fin.

"Debe haber una realidad que causa, pero no es causada, o un ser que se mueve pero no es movido. ¿Porque? Porque si hay una regresión infinita de causas entonces por definición el proceso entero nunca podría comenzar. Aristóteles". Muchas personas están de acuerdo con Aristóteles, ellos creen que el universo siempre ha existido y es de cierto modo real, sin embargo hablan solamente del universo cuando hay más y ese más es infinito. Básicamente dice que debe haber una causa
incausada que causa. Porque de no ser así nunca podría comenzar nada, por lo tanto es verdad que debe haber una causa incausada.

No apoyo el hecho de que debió haber un comienzo, lo hubo para el universo eso lo tengo claro, pero fuera de eso no pudo haber un comienzo.

Tuvo lógicamente que haber algo ahí por siempre, donde el tiempo y posiblemente la materia no existían.

Somos una casualidad improbable

Nosotros vemos a el universo en la forma que es porque nosotros existimos. Existimos gracias a la perfección del universo. Pero si no fuese como es, o si no hubiese evolucionado como evolucionó, nosotros no existiríamos y por lo tanto preguntarse ¿como es que existimos? o ¿porque no existimos? no tienen sentido.

Muchas personas se preguntan ¿porque vivimos en tan perfecto equilibrio?, ¿como es que casualmente parece que todo ocurrió a la perfección para que nosotros estuviéramos aquí?, ¿como es que la tierra está en la ubicación perfecta para que pueda haber vida?, ¿como es que todo ocurrió a la perfección para hacernos esta pregunta? Ya que nuestro aquí y ahora solo es una posibilidad de entre miles de miles de millones.

Todas estas cosas tuvieron que pasar exactamente como pasaron y la pregunta es ¿porque sucedió así?

La realidad es que sin escapar de la lógica podemos encontrar una respuesta muy simple que no incluye a un creador.

La posibilidad de que estés leyendo este libro es una entre miles y miles de millones. Piénsalo por un momento, piensa en todo. Debieron de ocurrir incontables eventos exactamente de esa manera para que ahora estés donde estas, haciendo lo que estas haciendo. Para que tus padres se conocieran, para que tus abuelos se conocieran, para que sus padres y abuelos también lo hagan. Podrían haber sucedido miles y miles de variantes que darían como resultado que tú no existas. Eres una probabilidad de 0%. Sin embargo aquí estas y gracias a eso tienes la habilidad de preguntarte que casualidad mitiga te trajo aquí. ¿Como es posible que todo haya pasado de la forma en que lo hizo? Y la respuesta es tan simple como que tú solamente puedes hacerte esas preguntas porque existes.

En las miles de millones de posibilidades en las que la vida no existe no habría nadie preguntándose por que existe. ¿Podría la tierra haber estado más lejos del sol provocando que no sea apta para la vida? Por supuesto que si, pero en esa realidad no habría nadie preguntándose sobre su existencia.

Cualquier tipo de vida con inteligencia, eventualmente se preguntara por que existe. Si nuestra existencia necesita de algo como por ejemplo aire en la atmósfera, es obvio que eso ocurrió y está ocurriendo. Si no fuera así simplemente no existiríamos. El universo es exactamente como tiene que ser para que podamos existir y si no lo fuera no podríamos existir.

Los Milagros y la Oración.

Este argumento estará basado principalmente en que la oración no funciona y en que los milagros son producto de la probabilidad.

"Señor Dios todopoderoso, creador del cielo y de la tierra, de todo lo visible y lo invisible, omnisciente, omnipresente, omnipotente, todo amor, te pedimos y te rogamos que hoy por la noche cures a todas las personas que sufren cáncer en este mundo. Te lo pedimos con fe, sabiendo que nos vas a bendecir, así como lo dijiste en mateo 7:7, mateo 17:20, mateo 21:21, marcos 11:24, Juan 14:12, mateo 18:19 y Santiago 5:15-16. Te lo pedimos en el nombre de Jesús, amén."

Digamos que todas las personas del mundo realizan esta humilde oración. Estamos rezando de forma honesta sabiendo que Dios es bueno y que la petición no es para nada egoísta o materialista. Por un bien común ayudaría a miles de personas en el mundo. ¿Algo pasará? La respuesta es no.

Incongruente resulta esto ya que en la biblia Jesús hace promesas muy específicas sobre cómo se supone que funciona la oración. Él dice en muchas partes de manera literal que él y Dios responderán a nuestras oraciones y hay un buen número de cristianos que de hecho creen que la biblia es literal.

Mateo 7:7
7 Pedid, y se os dará; buscad, y hallaréis; llamad, y se os abrirá.

Mateo 17:20
20 Jesús les dijo: Por vuestra poca fe; porque de cierto os digo, que si tuviereis fe como un grano de mostaza, diréis a este monte: Pásate de aquí allá, y se pasará; y nada os será imposible.

Mateo 21:21
21 Respondiendo Jesús, les dijo: De cierto os digo, que si tuviereis fe, y no dudareis, no solo haréis esto de la higuera, sino que si a este monte dijereis: Quítate y échate en el mar, será hecho.

Marcos 11:24
24 Por tanto, os digo que todo lo que pidiereis orando, creed que lo recibiréis, y os vendrá.

Juan 14:12-14
12 De cierto, de cierto os digo: El que en mí cree, las obras que yo hago, él las hará también; y aun mayores hará, porque yo voy al Padre.
13 Y todo lo que pidiereis al Padre en mi nombre, lo haré, para que el Padre sea glorificado en el Hijo.
14 Si algo pidiereis en mi nombre, yo lo haré.

Mateo 18:19
19 Otra vez os digo, que si dos de vosotros se pusieren de acuerdo en la tierra acerca de cualquiera cosa que pidieren, les será hecho por mi Padre que está en los cielos.

Santiago 5:15-16
15 Y la oración de fe salvará al enfermo, y el Señor lo levantará; y si hubiere cometido pecados, le serán perdonados.
16 Confesaos vuestras ofensas unos a otros, y orad unos por otros, para que seáis sanados. La oración eficaz del justo puede mucho.

Marcos 9:23
23 Jesús le dijo: Si puedes creer, al que cree todo le es posible.

Lucas 1:37
37 porque nada hay imposible para Dios.

Se supone que Dios es perfecto, por lo tanto cuando Jesús habla, debería hacerlo con la verdad. Sin embargo cuando vemos lo que Jesús dice sobre la oración en la biblia, está claro que Jesús miente.

Si necesitas más pruebas puedes juntar a diez personas, cien mil, o un millón que creen firmemente en la existencia de Dios y pedirles que juntos recen esta oración y tu mismo comprobarás que nada ocurrirá.

Cuando hay una persona enferma y se cura milagrosamente, mientras haya habido una, diez o más personas rezando hasta que se cura, desde un punto de vista religioso es "Dios ha hecho un milagro" y se acabó. Pero un científico lo vería de una forma diferente. Un científico diría "la oración no tiene nada que ver con esto, debió haber una causa natural de lo que vimos aquí, pero si investigamos más y averiguamos que fue, podríamos ayudar a muchas personas más."

Usare como ejemplo a Fleming (1881-1955) Su laboratorio era un completo desastre, un día estaba ordenando unas vasijas en la que habían crecido unas bacterias, cuando fue a tirarlas para limpiarlo se dio cuenta de una cosa, y es que de un lado del líquido que contenían las bacterias había comenzado a crecer moho. Y cuál fue su sorpresa al darse cuenta de que muchas de las bacterias que estaban en ese lado habían muerto debido al moho. Fleming investigó a fondo sobre lo ocurrido y sus propiedades y de ahí sacó la Penicillium Notatum. La cual hoy en día se le conoce como penicilina.

Fleming no poseía los recursos para refinar la pero posteriormente otros investigadores consiguieron hacer experimentos controlados con seres vivos y sorpresa. Eso curó a animales que sufrían infecciones bacterianas, la penicilina fue evolucionando hasta el día de hoy siendo una de las cosas que más vidas ha salvado en el último siglo. Ahora pregúntate por un momento que hubiera pasado si Fleming o cualquiera de los demás investigadores hubieran dicho "Oh la bacteria a muerto, esto ha sido un milagro de Dios" imagina dónde estaríamos ahora. Debido a que ellos ignoraron completamente a Dios y en vez de acercarse al moho con un pensamiento religioso, se acercaron con un pensamiento científico, obtuvieron un derivado del moho, "La Penicilina" de la cual hoy en día todos nos beneficiamos.

Solo al entender que dios es innecesario y al asumir que debemos ver las cosas de manera curiosa e investigativa podremos progresar. No te estanques en soluciones imaginarias.

Además puedes analizar estadísticamente la oración y el caso es que Dios no responde a ninguna oración. La idea de que Dios responde oraciones es un invento de la imaginación humana. No importa quien rece, a quien rece, o sobre que rece. Yo te invito a probar la eficiencia de la oración. No existe prueba alguna de que las oraciones funcionen, y las pocas que supuestamente resultan serlo no son más que producto de la probabilidad.

Por ejemplo: veinte personas tienen una enfermedad terminal que acabará con sus vidas. Esas veinte personas rezan por su vida diariamente. Diez y nueve de ellas mueren pero una sobrevive. Esa única persona que sobrevivió dirá que ha sobrevivido gracias a la gracia de Dios. Es decir que por rezar Dios le concedió la vida, etcétera. Esta noticia saldrá a la luz, en televisión y periódico. "Sobrevive por rezar" será el título y dirán todos, pero las otras diez y nueve personas no saldrán en televisión ni en el periódico. Ya que un título "persona reza y muere" no suena muy atractivo.

Lo cierto es que recen o no las personas mueren por igual. Rezar es la acción de incluso sin estar haciendo nada productivo crees que estás ayudando en algo. El tiempo que pierdes en rezar podrías invertirlo en otra cosa como por ejemplo ayudar a alguien de verdad, en vez de rezar para quedarte tranquilo en tu conciencia.

Libre albedrío

Existe algo muy graciosos que dice que Dios no responderá a tu oración debido al libre albedrío. La lógica de este argumento es que si rezas y él responde, Dios se habrá rebelado y tú tendrás seguridad sobre su existencia, quitando el libre albedrío sobre creer o no creer. Si esto es cierto significa que Dios no puede responder a ninguna oración.

Según la biblia Dios ha intervenido en diversos hechos históricos, lo cual significa que el libre albedrío de esas personas no es respetada pero el nuestro si. ¿Acaso Jesús estaba exagerando? ¿Era una metáfora? ¿Estaba jugando? Por qué razón mentiría. Pero desgraciadamente hoy en día existen personas que siguen buscando razones y excusas para afirmar la existencia de Dios.

Hay personas que dicen "necesitas entender el contexto en el que Jesús decía estas cosas hace dos mil años," "cuando Jesús hablaba sobre mover un monte (una montaña) hablaba metafóricamente, estaba usando una metáfora."

Lo cierto es que estos argumentos siguen sin tener sentido debido a que un Dios perfecto que todo lo sabe y todo lo puede sabría perfectamente que en algún momento de la historia sus palabras podrían ser malinterpretadas y por tanto hablaría claramente, diría exactamente lo que quiere decir y hablaría con la verdad, haciendo de alguna manera que la biblia fuera clara. Y de esto se trata ser un Dios perfecto. Si eres una persona inteligente y racional ya te habrás dado cuenta de que la explicación más lógica y sencilla es que simplemente Dios no existe.

El plan divino

Esta es la forma en la que los cristianos explican cosas como las amputaciones, el cáncer, los desastres naturales, los accidentes de auto, etc. Por ejemplo si una cristiana muere de manera dolorosa y trágica, muere como parte del plan de Dios, porque su muerte tiene un propósito. Dios la llamó por alguna razón. Si algo malo le sucede a un cristiano o cristiana para ellos es bueno porque forma parte del plan de Dios.

Puedes ver lo dominante que es "el plan de Dios" leyendo literatura inspiracional cristiana. Por ejemplo, si leemos el libro "Una vida dirigida por un propósito" de Rick Warren, encontraremos este excepcional párrafo en el capítulo 2:

"Porque Dios te hizo por una razón, él también decidió cuando nacemos y cuánto llegarás a vivir. El planeo los días de tu vida por adelantado, eligiendo el momento exacto de tu nacimiento y de tu muerte."

Salmos 139:16
16 Mi embrión vieron tus ojos, Y en tu libro estaban escritas todas aquellas cosas Que fueron luego formadas, Sin faltar una de ellas.

En este fragmento de la biblia Dios dice que planeó desde un principio cuando nacemos y cuando morirnos. Que planeó tu vida por adelantado. Lo cual significa que tu vida no tiene sentido puesto que ya todo está predeterminado y que todo lo que piensas, sientes, hueles y hagas ya está escrito. Por lo tanto ¿Qué sentido tiene vivir si tu vida ya está planeada incluyendo tu muerte? La vida no tiene sentido creas en Dios o no.

Si tomamos al pie de la letra todas estas palabras (salmos 139:16) quiere decir que tu vida está predeterminada. Al igual que todo en el mundo incluyendo los abortos, por ejemplo, si el plan de Dios es cierto lo primero que ves es que Dios realmente quiere que abortemos bebés ya que Dios eligió el momento exacto de su muerte. Entonces ¿Por qué razón luchan tanto los cristianos contra este tema? Si el aborto supuestamente es parte del plan divino. O será que en realidad le interesa ver el conflicto y quiere entretenerse.

Piensa en Hitler o en Genghis Khan. Eran la maldad encarnada y ambos son bien conocidos por la historia por los terribles asesinatos que cometieron en maza. Esto quiere decir que aunque las víctimas de dichos asesinatos rezaran a Dios su oración daba completamente igual, contradiciendo otro de los puntos básicos de la biblia.

Antes siquiera de que ellos rezaran Dios ya tenía planeada su muerte exactamente de esa manera. Incluso antes de que nacieran. Y no solo ellos, tu muerte también, si tu destino es ser atropellado por un auto o morir por un tiro en la cabeza, o de un infarto, no importa lo que hagas o cuánto reces. Ya que Dios ha planeado tu muerte.

Cada movimiento, cada error, cada pensamiento ha sido planeado por Dios detalladamente lo cual significa que cada asesino no es realmente malo, si no que Dios ya había decidido los actos de estos abominables seres. "Una disculpa señor asesino, disculpe las molestias, que tenga un excelente día y gracias por cumplir con el plan de Dios". ¿Y si te violan y te quedas embarazada? Recuerda que eso también forma parte del plan de Dios. Todas nuestras decisiones ya fueron tomadas. Todo ya pasó, en la existencia no existe el tiempo, nada puede crecer, nada puede ser, nada cambia. ¿En serio crees que los asesinos y violadores deberían ser recompensados? Ya que ellos fueron enviados por Dios con un propósito. ¿No tienes opción de decidir cualquier aspecto de tu vida? Si Dios tiene un plan estamos espectando a un ser ilógico, sádico y psicópata a menos que el no tenga un plan divino, que la biblia miente y que la religión cristiana está basada en una mentira de muchas.

Antes de que me justifiques diciendo que el plan de Dios es algo muy grande más allá de nuestro entendimiento y comprensión, déjame decirte que es imposible por leyes de la física, probabilidad y demás. Además significa que no tenemos un propósito.

El hecho de creer que somos parte de un plan supremo y divino por definición significa creer que existen medios y un bien supremo pero los bienes supremos no poseen razón, sentido, lógica, ni propósito. Por lo tanto el plan divino no tiene significado, ni propósito, ni sentido ya que este es imposible y aunque fuera real no tendría lógica. Sin embargo ahora intentarás justificar que el plan divino va más allá de nuestra comprensión y entendimiento y que todo eso que acabo de decir es el plan precisamente. Pero para empezar no tendría sentido que rezarás y, además toda la maldad del mundo es parte de este plan, por eso nadie es malo, sencillamente Dios lo quiso así y por tanto irán al cielo todos.

La religión ha convencido a la gente de que hay un ser invisible viviendo en el cielo, el cual ve todo lo que haces, todos los minutos del día y está siempre a tu lado. Además este ser tiene una lista muy especial de las diez cosas que no quiere que hagas. Y si haces cualquiera de estas diez cosas, él tiene un lugar especial lleno de fuego, humo, tortura y sufrimiento donde te mandara a vivir, a sufrir, a quemarte, y a llorar por siempre. Por toda la eternidad hasta el final de la existencia, pero el te ama.

Ahora si suponemos que el plan divino no es nuestro destino sería algo estúpido de igual manera. La gente pide billones y billones de deseos diariamente, pidiéndole y suplicándole por favores, "haz esto", "dame esto", "necesito otro trabajo", "necesito un auto". Pero la gente reza y reza constantemente por muchas cosas diferentes.

Esta bien puedes rezar por lo que quieras pero ¿Dónde está el plan divino? Si supuestamente hace mucho tiempo Dios lo pensó durante mucho tiempo, decidió que así sería y lo puso en marcha. Por millones de millones de años el plan divino ha funcionado, pero ahora tú vienes y le rezas por algo, supongamos que lo que le pides no está en el plan divino ¿Que quieres que haga? ¿Que cambie todo el plan solo por ti? Que arrogante para ser el plan de Dios. ¿Qué sentido tendría ser Dios si cada cuando un idiota con un libro de alabanzas viene a arruinarme todo el plan? y si tus oraciones no son contestadas ¿Qué dirías? Que está bien ya que es el plan de Dios y así lo quiso él. Pero si depende del plan de Dios y hace lo que el quiere de todas formas, porque diablos molestarse por rezar en primer lugar. Una gran pérdida de tiempo sería.

Pero entiendo la contradicción, si Dios tiene un plan divino cuestionarte todo y el ser y no ser respondidas las oraciones también forman parte del plan. Por lo tanto creer en Dios o no da exactamente lo mismo, tu decisión ya está predeterminada y tu destino ya está escrito suponiendo que Dios existe. Si no crees en Dios, él decidió que así sería, por lo tanto en todo caso si Dios existe, todos iremos al cielo, suponiendo que tenga un plan divino. Si no es así entonces refutaría la creencia de que nos ama. Nuestra vida y todo lo demás que pasa alrededor del mundo no es nada más que parte de su entretenimiento.

La biblia

La famosa biblia es un libro de cuentos, escrita por seres humanos. Dios no escribió la biblia y según muchas historias Jesús tampoco. Por lo tanto podría ser que la biblia sea una completa mentira. Pero en el caso de que Dios exista, tenga un plan divino y quiera que hagamos estas cosas de la biblia, de alguna manera habría hecho que esta información terminara junta. Así que si Dios tiene un plan divino la biblia es parte de su plan.
  La biblia es imposible y no puede ser literal a pesar de que la mayoría de la gente dice que la biblia no es literal y debemos aprender a interpretar la, lo cierto es que existen personas que creen firmemente que la biblia es literal. Y por eso debo decir que en el caso de que fuese literal sería imposible y a pesar de que supuestamente no es literal, hablaré sobre ciertas cosas un tanto contradictorias sobre la biblia.
  La biblia supuestamente es literal para algunos y esto es imposible porque es un libro primitivo que busca en su continua lucha de programación encontrar o más bien dar una respuesta al origen de la vida y el universo.
  Pondré un ejemplo: Digamos que yo soy religioso, y tú curioso. Yo creo firmemente en la existencia de Dios y te recomiendo leer la biblia. Te

digo que es un libro genial, asombroso y que te cambiará la vida al igual que a mí. Es un manual para vivir mejor la vida y una guía para poder tener una mejor sociedad para nosotros y nuestros hijos. Entonces a ti te parece interesante y me preguntas qué quién lo escribió y yo te respondo –El ser más perfecto e inteligente del universo. Obviamente un autor así genera curiosidad. Yo casualmente tengo una biblia conmigo y te la presto. La abres en una página al azar y te encuentras con algo como esto:

Levítico 20:1-27
1 El Señor le ordenó a Moisés
2 que les dijera a los israelitas: Todo israelita o extranjero residente en Israel que entregue a uno de sus hijos para quemarlo como sacrificio a Moloc será condenado a muerte. Los miembros de la comunidad lo matarán a pedradas.
3 Yo mismo me pondré en contra de ese hombre y lo eliminaré de su pueblo porque, al entregar a uno de sus hijos para quemarlo como sacrificio a Moloc, profana mi santuario y mi santo nombre.
4 Si los miembros de la comunidad hacen caso omiso del hombre que haya entregado alguno de sus hijos a Moloc, y no lo condenan a muerte,
5 yo mismo me pondré en contra de él y de su familia; eliminaré del pueblo a ese hombre y a todos los que se hayan prostituido con él, siguiendo a Moloc.
6 También me pondré en contra de quien acuda a la nigromancia y a los espiritistas, y por seguirlos se prostituya. Lo eliminaré de su pueblo.
7 Conságrense a mí, y sean santos, porque yo soy el Señor su Dios.
8 Obedezcan mis estatutos y pónganlos por obra. Yo soy el Señor, que los santifica.

9 Si alguien maldice a su padre o a su madre, será condenado a muerte: a maldecido a su padre o a su madre, y será responsable de su propia muerte.
10 Si alguien comete adulterio con la mujer de su prójimo, tanto el adúltero como la adúltera serán condenados a muerte.
11 Si alguien se acuesta con la mujer de su padre, deshonra a su padre. Tanto el hombre como la mujer serán condenados a muerte, de la cual ellos mismos serán responsables.
12 Si alguien se acuesta con su nuera, hombre y mujer serán condenados a muerte. Han cometido un acto depravado, y ellos mismos serán responsables de su propia muerte.
13 Si alguien se acuesta con otro hombre como quien se acuesta con una mujer, comete un acto abominable y los dos serán condenados a muerte, de la cual ellos mismos serán responsables.
14 Si alguien tiene relaciones sexuales con hija y madre, comete un acto depravado. Tanto él como ellas morirán quemados, para que no haya tal depravación entre ustedes.
15 Si alguien tiene trato sexual con un animal, será condenado a muerte, y se matará también al animal.
16 Si una mujer tiene trato sexual con un animal, se les dará muerte a ambos, y ellos serán responsables de su muerte.
17 Si alguien tiene relaciones sexuales con una hermana suya, comete un acto vergonzoso y los dos serán ejecutados en público. Ha deshonrado a su hermana, y sufrirá las consecuencias de su pecado.
18 Si alguien se acuesta con una mujer y tiene relaciones sexuales con ella durante su período menstrual, pone al descubierto su flujo, y también ella expone el flujo de su sangre. Los dos serán eliminados de su pueblo.

19 No tendrás relaciones sexuales ni con tu tía materna ni con tu tía paterna, pues eso significaría la deshonra de un pariente cercano y los dos sufrirían las consecuencias de su pecado.
20 Si alguien se acuesta con su tía, deshonra a su tío, y los dos sufrirán las consecuencias de su pecado: morirán sin tener descendencia.
21 Si alguien viola a la esposa de su hermano, comete un acto de impureza: ha deshonrado a su hermano, y los dos se quedarán sin descendencia.
22 Cumplan todos mis estatutos y preceptos; póngalos por obra, para que no os vomite la tierra adonde los llevo a vivir.
23 No vivan según las costumbres de las naciones que por amor a ustedes voy a expulsar. Porque ellas hicieron todas estas cosas, y yo las aborrecí.
24 Pero a ustedes les digo: Poseerán la tierra que perteneció a esas naciones, tierra donde abundan la leche y la miel. Yo mismo se la daré a ustedes como herencia. Yo soy el Señor su Dios, que los he distinguido entre las demás naciones.
25 Por consiguiente, también ustedes deben distinguir entre los animales puros y los impuros, y entre las aves puras y las impuras. No se hagan detestables ustedes mismos por causa de animales, de aves o de cualquier alimaña que se arrastra por el suelo, pues yo se los he señalado como impuros.
26 Sean ustedes santos, porque yo, el Señor, soy santo, y los he distinguido entre las demás naciones, para que sean míos.
27 Cualquiera de ustedes, hombre o mujer, que sea nigromante o espiritista será condenado a muerte. Morirá apedreado, y será responsable de su propia muerte.

En este capítulo Dios dice que hay que matar de manera literal ya sea mediante lapidación u hoguera a los que sacrifiquen a sus hijos a moloc. Quien acuda a la nigromancia y a los espiritistas, a aquellas mujeres y los amantes de las mismas que pongan los cuernos a sus maridos, a quien se acueste con la mujercita de su padre, a quien maldiga a su padre o a su madre, a quien se acueste con su nuera o a quien se acueste con alguien de su mismo sexo.

Esto no es broma, la biblia quiere a los homosexuales directo
a la hoguera. Literalmente dice que están cometiendo un acto abominable y los dos serán condenados a muerte.

¿Qué opinas sobre esto, sobre lo que acabas de leer?, "Levítico capítulo 20" te quedas impresionado y me miras fijamente diciendo -me dijiste que este libro fue escrito por el ser más inteligente del universo. Si seguimos lo que dice aquí tendríamos que matar a casi todo el mundo del planeta. Matar a cualquiera que haya maldecido a su padre o a su madre, quien no ha tenido alguna vez una pelea con sus padres. Cuantas personas existen que han cometido adulterio o que son homosexuales. Y yo te digo -bueno es que es el antiguo testamento, y en realidad no aplica por que Jesús vino a salvarnos. -Es decir que hubo una época en la que el ser más inteligente y poderoso del universo quería que matáramos a todos pero luego tuvo una epifanía y cambió de parecer. ¿Eso hace que todo esté bien? Si la parte antigua ya no aplica ¿Porque sigue aquí? ¿Este libro supuestamente es para tener una mejor vida? -bueno es que hay partes que si aplican. -pero acabas de decirme que no. Después abres el libro de nuevo y ahora te encuentras con esto:

Éxodo 21:2-21

2 Si alguien compra un esclavo hebreo, este le servirá durante seis años, pero en el séptimo año recobrará su libertad sin pagar nada a cambio.
3 Si el esclavo llega soltero, soltero se irá. Si llega casado, su esposa se irá con él.
4 Si el amo le da mujer al esclavo, como ella es propiedad del amo, serán también del amo los hijos o hijas que el esclavo tenga con ella. Así que el esclavo se irá solo.
5 Si el esclavo llega a declarar: "Yo no quiero recobrar mi libertad, pues les tengo cariño a mi amo, a mi mujer y a mis hijos",
6 el amo lo hará comparecer ante los jueces, luego lo llevará a una puerta, o al marco de una puerta, y allí le horadará la oreja con un punzón. Así el esclavo se quedará de por vida con su amo.
7 Si alguien vende a su hija como esclava, la muchacha no se podrá ir como los esclavos varones.
8 Si el amo no toma a la muchacha como mujer por no ser ella de su agrado, deberá permitir que sea rescatada. Como la rechazó, no podrá venderla a ningún extranjero.
9 Si el amo entrega la muchacha a su hijo, deberá tratarla con todos los derechos de una hija.
10 Si toma como esposa a otra mujer, no podrá privar a su primera esposa de sus derechos conyugales, ni de alimentación y vestido.
11 Si no le provee esas tres cosas, la mujer podrá irse sin que se pague nada por ella.
12 El que hiera a otro y lo mate será condenado a muerte.
13 Si el homicidio no fue intencional, pues ya estaba de Dios que ocurriera, el asesino podrá huir al lugar que yo designé.
14 Si el homicidio es premeditado, el asesino será condenado a muerte aun cuando busque refugio en mi altar.

15 El que mate a su padre o a su madre será condenado a muerte.
16 El que secuestre a otro y lo venda, o al ser descubierto lo tenga aún en su poder, será condenado a muerte.
17 El que maldiga a su padre o a su madre será condenado a muerte.
18 Si en una riña alguien golpea a otro con una piedra, o con el puño, y el herido no muere, pero se ve obligado a guardar cama,
19 el agresor deberá indemnizar al herido por daños y perjuicios. Sin embargo, quedará libre de culpa si el herido se levanta y puede caminar por sí mismo o con la ayuda de un bastón.
20 Si alguien golpea con un palo a su esclavo o a su esclava, y como resultado del golpe él o ella muere, su crimen será castigado.
21 Pero, si después de uno o dos días el esclavo se recupera, el agresor no será castigado porque el esclavo era de su propiedad.

En esta parte de la biblia Dios fomenta la esclavitud y recalcando un dato curioso dice básicamente en Éxodo 21;12 que el asesinato será castigado con la muerte o específicamente como lo dice, El que hiera a otro y lo mate será condenado a muerte. (tiene en parte sentido ya que supuestamente el infierno era una especie de basurero de la ciudad en la que se encontraba Jesús. Es decir, la biblia decía que si cometes alguno de esos mandamientos iras a ese basurero, o más bien al morir tu cuerpo sería arrojado ahí. En la biblia al menos no dice en ningún momento que iremos a un lugar lleno de fuego y sufrimiento) –tú ser perfecto y grandioso nos está diciendo que está bien tener esclavos y que está bien golpearlos. Abres otra página:

Timoteo 1, 2:1-15

1 Así que recomiendo, ante todo, que se hagan plegarias, oraciones, súplicas y acciones de gracias por todos,

2 especialmente por los gobernantes y por todas las autoridades, para que tengamos paz y tranquilidad, y llevemos una vida piadosa y digna.

3 Esto es bueno y agradable a Dios nuestro Salvador,

4 pues él quiere que todos sean salvos y lleguen a conocer la verdad.

5 Porque hay un solo Dios y un solo mediador entre Dios y los hombres, Jesucristo hombre,

6 quien dio su vida como rescate por todos. Este testimonio Dios lo ha dado a su debido tiempo,

7 y para proclamarlo me nombró heraldo y apóstol. Digo la verdad y no miento: Dios me hizo maestro de los gentiles para enseñarles la verdadera fe.

8 Quiero, pues, que en todas partes los hombres oren, levantando las manos al cielo con pureza de corazón, sin enojos ni contiendas.

9 En cuanto a las mujeres, quiero que ellas se vistan decorosamente, con modestia y recato, sin peinados ostentosos, ni oro, ni perlas ni vestidos costosos.

10 Que se adornen más bien con buenas obras, como corresponde a mujeres que profesan servir a Dios.

11 La mujer debe aprender con serenidad, con toda sumisión.

12 No permito que la mujer enseñe al hombre y ejerza autoridad sobre él; debe mantenerse ecuánime.

13 Porque primero fue formado Adán, y Eva después.

14 Además, no fue Adán el engañado, sino la mujer; y ella, una vez engañada, incurrió en pecado.

15 Pero la mujer se salvará siendo madre y permaneciendo con sensatez en la fe, el amor y la santidad.

Aquí la biblia dice que las mujeres calladitas se ven más bonitas.
-pero esta broma que es, no debo permitir que la mujer enseñe al hombre y ejerza autoridad sobre él. (las escuelas católicas y cristianas cometen pecado al ser mujeres las que enseñan)

Esto es completamente sexista y discriminatorio. Cualquier persona inteligente sabe perfecta y claramente que la mujer tiene la capacidad para enseñar y dirigir. Pero si sigues leyendo el libro te darás cuenta de que es brutalmente machista de principio a fin.

Mientras más lees la biblia más te darás cuenta de que todo carece de significado. Desde la primera línea dice "En el principio, creó Dios los cielos y la tierra." Eso no es cierto. La existencia es infinita y ha estado por siempre y estará para siempre, además un evento natural y al azar creó al universo y la tierra no se formó hasta miles de millones de años más tarde.

Toda la historia de la creación de génesis está completamente equivocada. Simplemente te invito a leer génesis y lo sabrás tú mismo. El hombre no se formó de un montón de barro gracias a un ser mitológico. La biblia habla de un diluvio que cubrió toda la tierra con ocho kilómetros de agua y mató a todos los seres vivientes, pero esto no sucedió. No existe ni el más mínimo registro arqueológico de ello. No existió ninguna Torre de Babel donde Dios confundió las lenguas de los hombres y nacieron diferentes idiomas.

Lo cierto es que la lista sigue y sigue. La biblia es un supuesto libro literal para muchas personas que está lleno de cosas sin sentido e incoherentes. Si lees un libro que está escrito por un ser todopoderoso, todo conocedor, y todo amor no esperarías quedarte impactado ante la brillantez, la claridad y la sabiduría de su autor. No esperarías que su libro te llenase la mente con sus magníficas observaciones. Que su autor nos dijese cosas que nos permitiera evolucionar en todos los sentidos.

En cambio cuando leemos la biblia no encontramos eso. Nos deja asustados con la cantidad de cosas sin sentido que tiene. Por lo tanto muchos religiosos se ven arrinconados y obligados a decir que "La biblia es poesía" y una forma poética de hablar. A pesar de que hace apenas unos siglos mataban a todo aquel que no creyese literalmente en lo que decía la biblia.

Y si debemos aprender a interpretarla como dicen muchos cristianos entonces debido a que todos la interpretarían de diferente forma significaría por lógica que debe haber un plan divino en el cual ya está predeterminada tu decisión y tu forma de interpretación por tanto no habría sentido.

Hoy en día existen muchas conspiraciones, muchas mentiras que vemos y escuchamos a diario. Incluso con todos los medios que tenemos para detectar mentiras aún se filtran. Imagina cómo sería hace 2,000 años. Sin mencionar a todas las personas crédulas que han existido siempre. A día de hoy existe gente muy tonta y fácil de engañar. Imagina cómo eran esas personas hace 2,000 años. Y en el caso de que la biblia fuese real básicamente la gran mayoría si no es que todos sus acontecimientos y eventos son relativamente capaz de ser explicados por la ciencia. Es decir los eventos de la biblia tienen una razón científica suponiendo que fuesen reales. Cabe destacar que esto solo es mi humilde opinión sobre el tema.

Dioses de la historia

Estamos de acuerdo en que no hay evidencia de la existencia de Dios. Sin embargo, existe gente que dice que tampoco hay evidencia de que no existe y a decir verdad no sé que tan fuerte sea este argumento por sí solo. Pero sí sabemos que, todos son culpables hasta que se demuestra lo contrario, lo mismo ocurre en la ciencia y debe ocurrir con las religiones. La ciencia acepta muchas teorías y posibilidades mientras que las personas deberían hacer lo mismo con la religión. Obviamente no significa que todas las religiones son correctas más bien significa que ninguna religión es correcta hasta que se demuestra lo contrario. Por lo tanto decir que no hay evidencia de que Dios no existe es absurdo. Básicamente podemos estar de acuerdo en que la ciencia nos ha brindado muchas respuestas en los últimos siglos, sin embargo, desde mi punto de vista no podrá responder el origen de la vida, su sentido o propósito, no podrá responder con certeza el origen del universo y todas esas cosas al menos no por los próximos años. Por lo tanto no sabremos nuestro origen ni nuestro destino por parte de la ciencia en estos años porque tal vez y solo tal vez la respuesta está en las religiones.

El caso es que no se dan cuenta de que no podemos fiarnos de estas sin mencionar que la mayoría son copias descaradas y mentiras. Hoy en día sabemos perfectamente que el ser humano ha adorado a incontables dioses a lo largo de la historia. Sin embargo a día de hoy todo el mundo sabe que era una completa mentira. Hoy nadie cree en Zeus o en Poseidón por ejemplo.

No obstante debemos analizar el cristianismo en profundidad. ¿Conoces la historia de Jesús? Probablemente si la conoces, pero ¿alguna vez te interesaste en conocer los dioses de la historia?

Existen más de 4,000 religiones en el mundo y casi, si no es que todas ellas tienen su propio dios. Que te hace pensar que tu religión es la correcta, la única e irrefutable. Ya que si crees firmemente en una religión significa que piensas eso y significa que eres muy egoísta, simplemente por cerrar tu mente y no escuchar otras opciones.

Pero tantas religiones también poseen profetas, sacerdotes, costumbre, creencias, libros sagrados, etc. Además de Jesús existieron muchos más antes de él. Muchos profetas de otras religiones quienes decían ser la luz, la verdad y el hijo del señor.

Que coincidencia que Jesús tenga prácticamente la mayoría de características que estos otros "profetas". Cabe destacar que hoy en día, mucha gente dice y afirma ser profeta. Si tú buscas en Internet descubrirás la cantidad de falsos profetas que existen y aún así, muchas personas los siguen. Imagina antes, hace mucho tiempo, cualquiera decía que era un profeta y todos lo seguían. Solamente debía brindar respuestas y afirmar que eran absolutas.

Horus

Nacido un 25 de diciembre de una virgen. Su nacimiento fue enunciado por una estrella y asistido por tres sabios. A sus doce años fue maestro puesto que era considerado niño prodigio. A los treinta años fue bautizado y comenzó su misión. Camino sobre agua, exorcizó a los demonios e hizo milagros. Fue traicionado por Tifón. Crucificado entre dos ladrones el 17 de Athry. Fue enterrado y resucitó al tercer día. Denominado "El hijo del señor", "La luz", "El mesías", "La verdad" y demás.

Attis

Nacido un 25 de diciembre de una virgen. Fue crucificado y enterrado pero resucitó al tercer día. Fue un Salvador. Bautizó a sus discípulos. Sus fieles comieron pan y comida sagrada.

Dionisio

Nacido un 25 de diciembre de una virgen. Realizó milagros, transformó agua en vino. Dio de comer alimentos sagrados a sus seguidores. Resucitó de entre los muertos. Denominado "Rey de Reyes", "Alfa y Omega", "El salvador" y demás.

Mitra

Nacido un 25 de diciembre de una virgen. Tuvo doce discípulos. Fue sepultado en una tumba y resucitó. Pan y vino, son simbólicamente el cuerpo y la sangre del sagrado tauro (Dios). Denominado "El hijo de Dios", "El, salvador" y demás.

Krishna

Nacido de una virgen y enunciada por una estrella. Realizó milagros en su viaje resucitando muertos, sanando leprosos, ciegos y sordos. Muerte por crucifixión y resucitó.

Buda

Nacido un 25 de diciembre de una virgen. Enunciada por una estrella. Camino sobre agua y sano personas enfermas. Murió, fue sepultado y resucitó. Denominado "Alfa y Omega", "Maestro", "El buen pastor" y demás.

Estos son solo pocos, ya que la lista sigue y sigue. Hay muchísimos supuestos salvadores en distintos periodos del tiempo con exactamente la misma historia una tras otra sin apenas diferencia a lo largo de miles de años. Muchos cristianos buscan la excusa en que todos estos dioses eran falsos y que probablemente era satanás intentando engañar a todos. Pero ¿Que hace estas religiones y todas las que existen alrededor del mundo diferente a la tuya? Como ya lo dije antes, absolutamente nada.

Otros creyentes van por el argumento de que su religión hoy en día tiene muchos más seguidores que las que tenías aquellas religiones en su época, pero que muchas personas crean en algo no significa que sea cierto. Por que como decía Gandhi "La verdad aunque esté en minoría, sigue siendo la verdad".

Todo es permitido

Ciertamente no existe un bien supremo, no existe un todo universal y no existe nada absoluto, en resumen todo es relativo y por lo tanto todo es permitido y diversos ejemplos pueden demostrarlo. La cosa es que ahí la religión juega un papel muy importante para muchas personas y lo cierto es que independientemente si es la religión cristiana, la católica, la religión que sea, o bien ninguna no existe correcto ni incorrecto, ya que existen ciertas paradojas.

Un gran ejemplo seria el siguiente; tenemos dos hermanos, sus padres mueren y son llevados a un orfanato. Un hermano es adoptado por una buena familia, una familia religiosa y humilde, a el se le enseñó que robar y matar es malo. Mientras que el otro hermano es adoptado por una familia de nihilistas es decir que no creen en nada y se le enseñó que robar y matar es bueno. Entonces los dos hermanos crecen y los dos matan. Un hermano estará con la conciencia sucia porque mató sabiendo que era malo y por tanto un error en una vida efímera definirá su eternidad, en un lugar lleno de sufrimiento. Mientras que el otro hermano crece y mata sabiendo que no importa nada, y que no hay nada después de la muerte. Pero entonces si Dios existe y castiga a quienes cometan el mal ¿Quién se va al infierno?

Nuestra lógica principalmente dirá que el primer hermano estará condenado al sufrimiento eterno sin duda alguna, mientras que el otro estará en manos de Dios ¿cierto? Bueno en el caso de que Dios no lo perdone y lo mande al infierno significa que Dios es injusto y ciertamente no nos ama, ya que este evento fue definido por las circunstancias y no por el mismo. Mientras que si lo envía al cielo significa que nos ama y que no existe un correcto ni incorrecto.

Mientras estemos limpios en nuestras conciencias hagamos lo que hagamos iremos al cielo o por otro lado ni siquiera eso será necesario y nuestro destino será irrefutable mente ir al paraíso eterno, si es que este existe.

Esto significa que para la religión no existe correcto ni incorrecto y solo nos meten eso a la cabeza para que formemos parte del engaño. Ya que si un humano se da cuenta de que todo es permitido, relativo y sin sentido, básicamente el mundo está en sus manos. Y aunque no existieran las religiones todo sería permitido igualmente y con más razón aún. Sin mencionar que en ese caso independientemente sea lo que sea que hagamos en esta vida no importa y de todas formas recibiremos lo mismo que todos.

Además las personas en vez de cuestionar que esta mal
realmente la gente únicamente se preocupa por lo que convencionalmente esta mal. Por ejemplo hoy en día si tu vez a un vagabundo necio que no quiere ayuda en la calle, sin casa y sin ropa limpia ni comida, en el caso de que te preocupa le dirías o tal vez te limitarías a pensar que debería conseguir ropa, trabajo, que no debería estar sin casa y que alguien debería ayudarlo, etc. Pero nadie nunca cuestiona si todas estas cosas son correctas, es decir ¿por qué razón está mal no tener casa? ¿Porque razón no tener ropa limpia está mal? O incluso estar

desnudo. Esto se debe como ya lo dije antes a que no existe un todo universal.

Ahora analicemos, si no existe correcto ni incorrecto, no existe verdad o mentira, no existe justo o injusto, y no existe bien o mal, etcétera, no existe un todo absoluto. Consiguientemente, ¿si nada de lo que haces puede medirse como saber si tienen sentido? Debido a que las variables son infinitas no podemos tener un promedio de nada y las cosas tienen y no tienen sentido al mismo tiempo.

Creer en una religión está bien y a su vez está equivocado. Robar es malo y a su vez también es bueno. Mi punto es que en primer lugar todo es permitido y en segundo lugar todo es sin sentido.

¿Creer o no creer?

Todos en algún momento hemos dudado lo más importante, nuestra vida, nuestra muerte y por supuesto a Dios ¿Acaso existe? ¿Existe algún creador? Existen muchas preguntas que no podemos responder pero simplemente como en una ecuación de matemáticas podemos acercarnos a la respuesta con fórmulas y un poco de sentido común.

¿Puede Dios crear una piedra tan pesada que ni él pueda levantar? Al igual que esta pregunta de lógica refuta el hecho sobre un Dios perfecto. Entonces con preguntas parecidas y paradojas similares podemos crear contradicciones sobre este tipo de preguntas y acercarnos cada vez más a la respuesta correcta sobre nuestra vida o nuestra muerte.

Lo cierto es que las razones para creer en Dios son muchas al igual que lo son para no creer en él.

Antes la gente no tenía una comprensión sobre la ciencia como la tenemos hoy en día y por eso tiene sentido haber creído en un creador. Pero hoy en día la ciencia ofrece respuestas. Posiblemente estamos muy equivocados y en realidad no sabemos nada, pero eso sería comprensible al igual que lo fue creer en un creador en el pasado, será comprensible que hayamos creído todo lo que creemos. Pero podemos estar seguros de que no es nuestra culpa.

No cabe duda en que estarás de acuerdo conmigo con el hecho de que no sabemos qué hay después de la muerte. Todos los organismos vivos tienen como objetivo principal, mantenerse vivos y reproducirse. Los humanos son tan solo una especie más que tiene como meta vivir. La cosa es que con el paso del tiempo nuestra inteligencia nos permite vivir de una manera más fácil y segura. Hoy en día ya no necesitamos preocuparnos por depredadores ni ciertas amenazas. Eso definitivamente es algo muy bueno pero y debido a que cada vez se nos hace más fácil permanecer vivos nos inventamos nuevos problemas.

La gente en su mayoría en lugar de preocuparse si seguirán vivos se preocupan por su ropa, su teléfono, su trabajo, su casa, su vida social, entre otros y esto nos mantiene enfocados pero sobretodo entretenidos con puras idioteces, ya que nosotros mismos creamos necesidades innecesarias.

Me parece obvio que una civilización perfecta se basaría en la evidencia y la compasión, y cuestionarlo todo incluso las religiones, es algo esencial para abrir nuestra mente y pensar de verdad. No deberíamos creer en lo que no tenemos evidencia, no significa que no nos basemos en nada pero significa que no debemos estar súper seguros de ello. Ya que cuando uno forma parte del sistema y está muy dentro de él, es capaz de luchar para protegerlo, lo cual explica por qué hay personas que creen firmemente en el cielo, en el infierno, en Dios y demás.

Vivimos en una sociedad muy tonta donde la gente se cree cualquier estupidez, como que los Simpsons predicen el futuro. Eso es una tontería y si entonces nosotros somos idiotas piensa en el pasado e intenta imaginar el momento en que se inventó la religión. Si nosotros somos tontos, nuestros antepasados eran imbéciles. Por eso la gente desde que nace, lo hace creyendo en las religiones, en Dios más que nada y así continúa por que no es suficientemente lista como para pensar en otra posibilidad y si llegan a hacerlo entonces serán de las personas más inteligentes del planeta.

Cabe mencionar que todo es relativo y por eso no hay nada cierto, nada grande o pequeño ni mucho menos correcto o incorrecto. Muchas personas cristianas y católicas creen en Dios por miedo. Creen en las religiones, por compromiso con su familia y amigos o por que les da miedo revelarse o que en el caso de que su religión sea verdadera sean castigados de alguna forma, como yéndose al infierno o reencarnando en un insecto, etc.

Si Dios existiera y fuera de verdad un ser divino, omnipresente y omnipotente más allá de nuestra comprensión, no nos castigaría por cuestionar ni mandaría a nadie al infierno, simplemente por malas decisiones. Él sabría perfectamente, por que se supone que nos creó, que en algún punto íbamos a cuestionar lo todo.

Además el supuestamente nos creó con el propósito de disfrutar la vida, de reír y de ser felices. Porqué desearía que creamos en él por obligación y por miedo y que fuésemos a las iglesias que llamamos la casa de dios.

Tampoco tiene mucho sentido el hecho de que si haces lo correcto en esta vida en la otra vida estarás lleno de bendiciones y beneficios. Pondré un ejemplo: Existen dos hermanos, sus padres mueren y son llevados a un orfanato. Estando ahí, un hermano es adoptado por una familia buena, humilde, bondadosa y religiosa mientras que el otro hermano es adoptado por una familia de criminales, dementes y nihilistas. El niño de la familia humilde se le enseñó que robar y matar es malo. Mientras que al niño de la otra familia de criminales se le enseñó lo opuesto, le dicen que matar y robar es bueno. Finalmente los dos hermanos crecen y los dos matan, pero sucede que un hermano está con la conciencia sucia por que mata aún sabiendo que era malo mientras que el otro tiene la conciencia limpia porque mató sabiendo que era bueno. Por lo tanto ¿Quien se va al infierno?

Si Dios existiera se basaría en cómo pensamos, actuamos e interpretamos el mal según nuestra conciencia. Debido a que en sí no existe correcto ni incorrecto, ya que un hermano en teoría se iría al infierno, no sería justo.

Nuestra lógica diría que Dios lo perdonaría porque sencillamente fue un error o porque no sabía que era malo y su conciencia está limpia. Pero entonces no se supone que las acciones son lo que importan. Además si Dios lo perdonase significa que no existe correcto ni incorrecto, simplemente existe una definición sencilla para cada vida de lo que se debe y no se debe hacer en este plano de la existencia. Sin mencionar por supuesto que la palabra infierno viene de una mala traducción en la biblia, por tanto si Dios existe, el infierno no existe y tampoco existe correcto o incorrecto y si pensamos que así es sería imposible porque vivimos en un mundo relativo donde no existe nada absoluto.

Todo es relativo no existe un bien universal, no existe justo o injusto, no existe correcto ni incorrecto universal porque es imposible. Me parece irracional que la gente crea en dioses, o en cualquier religión cuando ni siquiera tienen pruebas.

El hecho de que tomen las religiones como axiomas no tiene sentido. Ilógico es que un creador nos haya creado de la nada. Es tonto pensar que un creador puede crear algo de la nada. "Nada" por definición no existe por tanto nada puede, pudo ni podrá crear algo de la nada. No se puede crear algo, todo está creado y solo se puede transformar.

Ya lo decía Stephen Hawking, "si el universo partió de un punto y de ese punto se creó el espacio y tiempo, antes de ese punto no existía el espacio y el tiempo, por lo tanto nada podría haber antes de ese punto y si pensamos que había algo sería imposible porque ni tuvo espacio ni tuvo tiempo para existir." Entonces La teoría del Big Bang dice que la nada explotó formando nuestro universo pero en parte creo que eso está mal. Algunas personas creen en la teoría del Big Bang y tiene mucho sentido, pero sinceramente y viendo lo desde una perspectiva lógica, me parece imposible que la nada haya explotado creando todo lo que conocemos, sin embargo debe de haber algo. Algo que siempre estará ahí, estuvo antes de nosotros y estará después de nosotros.

Sencillamente debe haber algo a lo que me atrevo a llamar "la existencia". Y nosotros como tales formamos parte de esta existencia. Ya que al referirme a la existencia me refiero al universo entero, al espacio y tiempo, a todas las diferentes dimensiones que deben existir, a toda la energía, entre otras. Y la existencia en sí no pudo tener principio ni fin, es decir que la existencia en sí misma es eterna.

Me parece que un creador no puede crear algo de la nada, debido a que nada por definición no existe, un creador no puede crear algo de lo que no existe por lo tanto queda existencia. Y la existencia es infinita. Al ser infinita cualquier evento puede, quiere y ha sucedido. Por eso me parece que la vida simplemente se dio en este universo al menos. Creo que este universo es una infinita pequeña parte de la existencia, es decir que nuestro universo al igual que cualquier otro no importa y no importara. La existencia siempre estará ahí no puede desaparecer.

Al universo no le importamos, podemos morir en cualquier momento por una serie de eventos al azar como por ejemplo el impacto de un asteroide, una supernova o incluso una llamarada solar, y al universo sencillamente no le importa si vivimos o no porque nuestra vida no importa, vale nada al igual que una roca o un árbol. En este universo sabemos que hay vida por que nuestra presencia lo demuestra más sin embargo es lo único que podemos demostrar, por eso es ilógico que un creador nos haya creado.

No hay religión verdadera y al no haberla nada importa, puedes matar a alguien justo ahora y nada pasaría. Éticamente no debemos hacerlo a pesar de que no hay correcto ni incorrecto y que hemos evolucionado a un punto en el que podemos comportarnos, el ejemplo de los hermanos lo demuestra en teoría.

Debes dejar de creer en lo que no tienes pruebas y básicamente te estoy diciendo que no creas en ninguna religión y te estoy diciendo que aceptas todas las posibilidades posibles y que no creas en nada a menos de que tengas evidencia pero no la tendremos, es por eso que debes dejar de creer y no solo tu, todo el mundo debe hacerlo. Aunque es literalmente algo muy difícil se puede y yo creo que progresaremos como raza humana el día que todos los humanos dejen de creer en las religiones. El problema más grande es que la gente llega a un punto en el que son tan dependientes del sistema que incluso lucharán para protegerlo. Es imperativo que creas solamente en lo que tienes evidencia. No puedes creer cualquier cosa que te digan. Por eso si no tienes evidencia de que tu religión sea verdadera no debes creer en ella.

Además dime qué hace diferente a las 4,000 Religiones en el
mundo diferentes de la tuya, nada. Solamente hay dos opciones, creer o no creer. Los dioses de todas las religiones es algo que ha creado el propio ser humano para tener lo que llaman fe, o para no sentirse solos en el universo y darse un sentido a su existencia.

Se cree que el universo siempre tuvo los mismos ingredientes para elaborar lo que hoy vemos e interpretamos como la creación de algo divino. Además mucha gente cree en Dios por el simple hecho de que existe, vida, animales, la naturaleza como la conocemos y el hecho de estar vivos. Sin embargo a pesar de esto en realidad la existencia ha tenido un tiempo inimaginable para crear todo esto.

Si juntamos los ingredientes primordiales en el cosmos y le damos todo el tiempo del mundo para que esos ingredientes, es decir la materia, la energía, el tiempo, el espacio, y de más tengan tiempo de sobra para recombinarse, crear un universo, fracasar, volver a crear otro universo, volver a fracasar y así una infinidad de veces porque van a tener literalmente el tiempo necesario para que al final ocurra lo que estamos viendo todos, la vida. Que por cierto la vida no es más que una materia digamos que con la capacidad de conocerse a sí misma.

Y si la existencia es eterna lo es hacia atrás y hacia adelante por tanto todo evento posible pudo, quiere y ha sucedido, Es decir, que en primer lugar todo es posible, absolutamente todo, puesto que la existencia tiene un tiempo infinito para experimentar y crear todas las variables infinitas. Y en segundo lugar todo es permitido, al ser infinito y relativo, todo en la vida es permitido pero sobre todo sin sentido.

Existe algo que tiene un supuesto propósito y aparenta ser un bien supremo y poseer razón. Este nos utiliza, cuando un humano vive tranquilamente y se ha logrado hacer que viva de una cortina llena de mentiras, engaños y conspiraciones se le puede manipular fácilmente.

La religión sigue aquí porque les da un paracaídas a todas esas personas que le tienen miedo a la oscuridad. Debido a que somos utilizados como simples baterías la mejor forma de explotar nuestras capacidades y habilidades es si no lo sabemos por lo tanto creer en una religión facilita el proceso y esa es la razón principal por la que las religiones siguen en pie y cuando se demuestre lo contrario dependeremos de otra cosa y precisamente es por eso que no puede pasar al menos hasta encontrar una batería nueva o sencillamente algo que nos sustituya de la misma o de una mejor forma.

Además se supone que Dios al crear a Adán y Eva por ejemplo, estos no poseían vergüenza, o la capacidad de pensar por sí mismos. Entonces porque nosotros tenemos vergüenza y pensamos de forma egoísta, y somos científicos y demás. Si existiera el paraíso, al ir ahí no tendríamos enojo, tristeza, miedo, vergüenza, etc. Por lo tanto no tendrías lo que te hace único. No serías especial. Si el paraíso es cierto, sería un lugar donde las personas no tienen conciencia. Donde no saben distinguir entre lo bueno y lo malo, la vergüenza, la tristeza y esas cosas. Básicamente el paraíso sería todo lo contrario a la tierra pero en este no habría nada especial ya que todos serían simples números más. Seriamos algo mucho mejor que lo que somos ahora, sin la capacidad de juzgar, todos llenos de amor y demás. Por lo tanto esta vida es muy diferente y cometemos muchos errores diariamente, como no hacerlo con lo más importante.

Somos humanos y no somos perfectos, así que nos equivocamos y si dios existe entiende eso. Entonces porque preocuparse de más y creer por si acaso. De todas formas creer por si acaso como suele hacer mucha gente también está equivocado ya que basándose en esa filosofía tendrías que creer en la religión correcta y habiendo 4,000 en el mundo sería un poco difícil acertar.

Supuestamente Dios es perfecto y sin embargo no juzga, por consiguiente las iglesias tampoco deberían juzgar. Sencillamente es ilógico e irracional además de incoherentes por que si no entonces ¿para que te creó? ¿Para ponerte aprueba? Crees que esto, está vida, crees que todo esto es una simple prueba para encontrar la felicidad o el amor. Por que sencillamente no nos creó estando con él de una vez.

Debes estar de acuerdo en que si Dios nos ama y nos creó, suponiendo que existe obviamente significa que además de ser todopoderoso, omnipresente, omnipotente, omnisciente, que todo lo sabe y que todo lo puede, etcétera, su existencia al ser eterna y no tener efecto ante el tiempo mismo no tendría sentido o propósito. Sin mencionar que Dios es la razón de respirar para muchas personas. Pero si Dios no tiene sentido en sí, tampoco tenemos sentido nosotros, lo cual significa que la vida no tiene sentido a pesar de que hipotéticamente exista una religión o un Dios.

Para Dios la existencia debe ser aburrida ya que no tiene nada interesante por hacer, pues todo lo puede y no tiene nada nuevo por descubrir, pues todo lo sabe, por lo tanto y tomando en cuenta que todo en la vida es completa y verdaderamente relativo este universo y todo aquello creado por Dios no forma parte de nada más que su propio entretenimiento. Si Dios existe somos su diversión y su distracción del hecho de que es infinito en la existencia eterna por tanto como ya lo dije la vida no tiene ningún sentido, creas en una religión o no.

No existe y no hay religión verdadera. Cada religión tiene lo bueno y lo malo, cada creencia tiene sus cosas y lo bueno es precisamente intentar conservar lo bueno de cada religión. El fanatismo por ejemplo en lugar de unir a las personas lo que hace es dividirlas. Ahora te pregunto ¿Que es mejor, fijarse en que cree una persona o fijarse cómo actúa una persona?

Realmente es importante si una persona cree en tal cosa o más bien como se comporta. Si crees que una persona está mal por que tiene una diferencia en creencias contigo y tu lo juzgas en ese momento el que está actuando mal eres tú. Porque uno no debe juzgar, Si juzgas quiere decir que eres perfecto y nadie es perfecto. Cuando uno juzga, uno está criticando algo de la persona o alguna creencia, comportamiento, etc. Y si uno no es perfecto entonces uno que derecho tiene para juzgar a alguien. Cómo te sientes al respecto de lo que te acabo de decir, me refiero a lo de que no debes juzgar. Sabes en realidad no lo decía en serio, solo lo dije como ejemplo.

 Las religiones crean muchas culpas parecidas a estas, y es la verdad. Incluso en la antigüedad las Iglesias vendían especies de permisos para ir al cielo. Si cometía la gente algún crimen podían salvarse e ir al cielo pero debían comprar un permiso y por supuesto los precios varían de acuerdo al "crimen". Si piensas que esto es mucho piensa en lo que se hace hoy en día. Entiendo que la diferencia es mucha pero piensa en el futuro y como nos veremos. Probablemente todas nuestras creencias estén mal, posiblemente todos los descubrimientos sean mentira, tal vez debamos reescribir los libros de historia y un montón de cosas más, pero el caso es principalmente que debes entender que no todo lo que te dicen es la verdad, a veces se hace a propósito y a veces no.

 Debido a que no hay correcto ni incorrecto tampoco hay justo ni injusto, razón verdadera o razón incorrecta, no hay medios ni bienes supremos. No existe nada universal. Cualquier acción humana es simplemente un "medio" para conseguir un "fin supremo" el cual tampoco posee razón ni propósito.

 Ciertamente creer en Dios es aceptable al igual que lo es no creer en él. Sabemos que las circunstancias definen nuestra realidad y nuestra percepción de esta por lo tanto a fin de cuentas tu decisión sobre creer o no creer en Dios da lo mismo ya que después de todo no es tu decisión. Pero si crees que lo es y por el momento estas enfrentando una crisis existencial o simplemente tu cabeza quiere explotar al no saber que hacer, pensar ni creer, entonces te recomiendo seguir leyendo este libro. Así tal vez logres llegar a una conclusión razonable.

Pero debemos saber y entender que tanto creer en Dios como no hacerlo es cuestión de fe. Independiente si crees que existe un creador eterno o si crees que explotamos de la nada. Creas lo que creas necesitas fe para eso, es decir que el ser humano se rige por reglas auto sustentabas que permiten su desarrollo de conciencia.

Si crees en algo es debido a tus decisiones afectadas por tu entorno, y por supuesto necesitamos de cosas como estas, y esa es la misma razón por la que solemos mentir a diario y no ser del todo humilde. El ser humano miente, roba, traiciona y hace cosas peores a diario por su bien o el de los demás. Así que por nuestro bien o en este caso por tu bien, si estas pasando un mal momento y necesitas ayuda es total y completamente aceptable creer en Dios ya que te dará fuerzas para seguir en el camino pero por otro lado si aceptas la vida como es no necesitas de nada más para vivir.

Si Dios no existiera tendría que inventarse

¿Alguna vez has necesitaos fuerza sobrenatural para enfrentar una situación difícil?
Dios está esperando y quiere ofrecernos fuerza en momentos de dificultad. Dios está dispuesto siempre a darnos fuerza y levantar nuestros corazones aún cuando creemos que no hay esperanza. A veces nos damos cuenta de que nuestras fuerzas no son suficientes para enfrentar los obstáculos de la vida. En esos momentos es recomendable recurrir a Dios para obtener su fuerza y seguir en pie cuando todo parece estar perdido.
Te sientes débil, sin fuerzas, cansado y crees que la vida solo está empeorando. Entonces por que razón no recurrir a Dios ¿cierto?
Cosas cómo estás se les dice a niños sin hogar y sin padres, a personas en depresión y pensamientos suicidas, a personas en la cárcel con condena perpetua, básicamente a todo aquel que la esté pasando muy mal. Les dicen que su mejor opción es acudir a Dios para así poder liberarse, renacer y alcanzar la felicidad. Pero omiten la verdad, ya que en situaciones como esas la fuerza de voluntad juega un papel muy importante, aunque claro también el ambiente y las circunstancias. Es por eso que algo no sucede solamente por desearlo. Debemos tomar cartas en el asunto y enfocarnos en cualquier meta para así poder lograrla.

Supongo que estás de acuerdo con esto y por eso debes saber que las religiones te dicen todo lo contrario. Te dicen que si tú crees en Dios, rezas, te portas bien y le das tu corazón a Dios el té guiará hacia la felicidad y vida eterna.

En definitiva este tipo de consejos ayudan psicológicamente, pero en la vida real no lo hace. Aún así las religiones se empeñan en convencernos de ello. Rezar por un auto nuevo es lo mismo que simplemente desearlo.

El caso es que las religiones ayudan a las personas en sus peores momentos, ya que solo ahí pueden tomar lugar, justo cuando es un mal momento y la persona enfrenta una crisis marital, existencial, etc. Y así es como se expande, como un virus que ataca las partes débiles de un organismo para sobrevivir y reproducirse.

Así que en resumen las religiones están ahí simplemente para "ayudar" a las personas psicológicamente a enfrentar la vida. Y a veces "funciona" ya que la religión trabaja como medicina placebo. Sin embargo cuando no lo hace culpa a la persona y le dicen que no rezo correctamente, que es un pecador, que no lo merece, o bien que es parte del plan divino y Dios lo quiso así, pero en cualquier caso todo siempre termina justificado con un "Porque Dios te ama"

Debes saber que las religiones se inventaron con la finalidad de brindar respuestas a los humanos. Antes en el pasado era aceptable creer en un Dios para explicar nuestro origen y el del universo. Pero hoy en día la ciencia también ofrece respuestas incluso más convincentes de las grandes preguntas del mundo.

Obviamente alguna vez te has preguntado qué hay después de la muerte, o como iniciaron las cosas pero probablemente fue solo una vez o unas cuantas veces. Hasta ahí las religiones ya cumplieron parte de su propósito. ¿Te lo cuestionas? Si, pero al menos no estás pensando todo el tiempo en ello por que las religiones ofrecen un paracaídas a todas esas personas que les da miedo cuestionar y aceptar.

Mi análisis es que la vida es muy dura para algunas personas y recurrir a Dios es su mejor opción. Además la humanidad no ha sido capaz de portarse bien por su propia cuenta nunca. Entonces podríamos decir que necesitamos de Dios para tener orden y paz. La verdad es que las religiones son la forma de manipulación más grande la humanidad ha presenciado en toda su existencia.

SEGUNDA PARTE

No eres especial

¿Quien crees que eres? Viviendo una vida alegre con amigos a tu alrededor siempre con suerte donde la vida te da limones. La segunda mentira más grande de la historia, a nadie le importas realmente. Las personas que crees que les importas no es verdad porque no tienes amigos en realidad. ¿Crees que eres listo?, ¿Crees que eres tonto?, ¿Acaso crees que eres creativo o el número uno?, ¿Tienes algún sueño?, ¿Algo por lo que estás luchando y quieres lograr?, bueno ahora romperé tu realidad. Eres débil, nadie te quiere y la vida jamás te dará limones, nunca harás limonadas. Beberás agua del drenaje arrepentido de lo que nunca hiciste. ¿Acaso creíste o se te pasó por la mente la idea de que tu eres especial? No eres especial y nunca lo serás.

Estas solo y morirás solo. No existes por alguna razón ni perteneces a ningún lugar, de todas formas te vas a morir. No te hagas la idea de que eres especial, porque no lo eres en absoluto. Incluso si eres uno en un millón, viviendo en un planeta con sietes billones de personas significa que existen siete mil personas iguales a ti.

"No eres especial" puede sonar como un insulto pero es la verdad. ¿Alguna vez te has sentido completamente solo y que eres el único con ese problema? ¿Alguna vez has sentido que nadie puede entenderte o ayudarte? ¿Alguna vez sentiste que eres el único que piensa de esa manera y que ve el mundo diferente? Existen muchas personas, adolescentes en su mayoría que se sienten deprimidos cuando en realidad no lo están. Pero cuando realmente están deprimidos y están pasando por una crisis amorosa, existencial, entre otros, suelen decirse a sí mismos "¿porque yo?", "nadie me quiere", "no soy nadie", etcétera. Cuando la verdad es que hay siete billones de personas en el mundo.

Crees que eres el único que sufre ese problema, el único que piensa así, el único al que le pasan cosas malas, el único al que nadie le importa y nadie quiere. O en el caso de que pienses al revés y creas que tienes muchos amigos, una hermosa familia, una vida estable y demás lo cierto es que no importa lo que creas o lo que sientas.

Si te sientes mal porque te pasan cosas malas, o si te sientes bien porque te pasan cosas buenas, realmente no es nada nuevo, es algo muy común. No importa en qué situación estés, tú no eres especial. Cuando te des cuenta de que en realidad tú no tienes nada de genialidad y que tu vida simplemente no importa aceptando que no eres especial te darás cuenta de que nada, ni nadie tienen sentido.

La definición de especial es algo raro, poco corriente, o diferente de lo ordinario. ¿Acaso vas a la escuela? Te aseguro que mínimo y no me lo puedes negar un millón de personas van a la escuela, por lo tanto, ¿que te hace diferente de ese hecho? Si todos van a la escuela al igual que tú entonces ir a la escuela no te hace especial. ¿Fuiste a la escuela? No eres el único que fue y por esa razón no eres especial. ¿Tienes ropa? Yo también y muchas personas en el mundo, ¿que te diferencia de ese hecho? ¿Estás vivo? Felicidades no eres el único y por eso no puedes decir que eres especial por estar vivo. Ya que si alguien más o algo hace lo que tú haces, pasó por ese momento, esa situación, esa experiencia, si alguien tiene tus mismos problemas, sentimientos o pensamientos y demás significa que no eres especial porque no eres algo fuera de lo común. ¿Tienes dinero? Muchas personas también lo tienen. ¿No tienes dinero? Muchas personas tampoco tienen dinero. ¿Eres humano? Entonces no eres especial. ¿Comes?, ¿Caminas?, ¿Hablas?, ¿Piensas?, ¿Tienes casa?, ¿Tienes amigos?, ¿Eres hombre?, ¿Eres mujer? Piensa en lo que quieras, cualquier cosa que tú ya hiciste, que estás haciendo o que vas a hacer. Te aseguro que alguien más ya lo hizo y lo hará.

Si todo el mundo es especial entonces nadie lo es. Es como si todos ganáramos trofeos, entonces los trofeos no tendrían sentido. La única forma de ser especial sería ser único, pero si todo es relativo entonces nadie es especial. Además suponiendo que el multiverso existe, o sencillamente si la existencia es infinita significa que existen infinitos tú. En La existencia donde el tiempo no existe, donde la cronología no tiene lugar, donde todo es posible.

Si algo ocurrió, está ocurriendo y ocurrirá y podemos tomarlo como cualquiera de estas. Algo que ya pasó no ha pasado. Algo que no ha pasado está pasado y a la vez no ha pasado. Mi punto es que todo es posible, por tanto nada es especial ¿Que te hace especial ahora? La respuesta es nada.

Nosotros estamos en un universo único, con componentes esenciales para la vida, sabemos que un ligero cambio o variación habría cambiado todo y la vida no sería posible. Un número de variaciones infinitas, las cuales no ocurrieron en este universo. Pero entonces si existían infinitas posibilidades de no existir cómo es posible que estemos aquí. Muchos atribuyen ese hecho a que somos especiales, o que una entidad externa nos creó, o que sencillamente somos una casualidad, etc.

Que habría pasado si nunca hubieras nacido, ¿acaso alguien estaría triste? ¿Alguien extrañaría pasar tiempo contigo? No habrías influido en las personas. Por supuesto cronológicamente habría afectado al mundo definitivamente pero nadie te extrañaría, porque simplemente nunca naciste.

Supongo que tú no vas a llorar por el amigo que nunca tuviste por que no sabes lo que habría sido y no tienes esa posibilidad en tu cabeza. Ahora que habría pasado si la vida no se hubiera dado en este universo ¿acaso alguien se sentirá mal? ¿Afectaría algo? La respuesta es que con cada posibilidad a partir de cada punto posible existen infinitas posibilidades. ¿Que habría pasado si nunca se hubiera creado el universo? ¿Alguien se sentiría mal? ¿Alguien terminaría deprimido?

Ciertamente no, por que no importa, es una posibilidad que nunca ocurrió en este universo, por lo tanto a nosotros no nos importa.

Además esto es en la tierra, posiblemente existen extraterrestres y no somos nada a comparación de ellos. Ciertamente si todo es relativo y no existe un todo universal, es decir nada absoluto nuestra vida no importa en ninguna escala ni en ninguna comparación. Tu en el mundo no importas a comparación de todos los demás, ahora imagina en el universo y en el multiverso con infinitos tú, lo cierto es que tu vida indiscutiblemente no es especial.

La realidad

Cada persona es un universo e interpreta la realidad de una manera distinta. Creemos que todo es fácil y que tenemos un control cuando la verdad es otra. Esa realidad es interpretada de manera diferente por cada persona debido a sus creencias, miedos, secretos, experiencias, deseos y genes. Por lo tanto la realidad de cualquier persona puede cambiar radicalmente en cualquier momento y sin el más mínimo aviso.

La realidad es un conjunto de nuestros puntos de vista subjetivos. Podríamos decir que la realidad es una construcción social, pero también es una construcción de experiencias y recuerdos por lo tanto la realidad de cada persona es relativamente individual.

Cabe mencionar que la realidad es la perspectiva de la existencia, ya que una cosa es la realidad y otra cosa es la existencia. La realidad es producto de la imaginación y la existencia simplemente es.

El estado neurológico nos ayuda a enfrentar la vida cuando nos da un gran golpe en la cara, pero cada persona reacciona de diferente manera ya que ha sido afectada por su entorno formando su realidad de distinta manera. Debido a que la realidad afecta nuestros pensamientos, nuestras sensaciones, emociones, sentimientos, entre otras y viceversa, provoca que cada persona interprete una nueva realidad constantemente, es decir que todas las cosas que te pasan afectan tu realidad, y esas cosas que te suceden también son parte de ella. Por lo tanto la realidad en sí afecta tu perspectiva sobre ella. Entonces ¿como distinguir entre algo real y algo que no lo es? De hecho nunca podrás saber si yo soy real. De lo único que puedes estar seguro es de tu propia existencia. Incluso puedes existir en un universo creado por ti mismo.

La conciencia

Nuestro cuerpo se renueva con el paso del tiempo. Cada siete años la práctica totalidad de tu cuerpo ha sido reemplazado por otro, que tú has ido adquiriendo con lo que comes. Por tanto tu cuerpo como tal no eres tu, y la verdad es que tu cuerpo cambia en su totalidad al cabo de unos años. El cuerpo físico que posees ahora mismo no es el mismo que tenías hace veinte minutos. La configuración y el patrón por la que se ordenan estos átomos son tuyos pero eso es algo abstracto.

Somos organismos que vamos renovando nuestro cuerpo continuamente y por consiguiente mentalmente. Nuestra identidad real no existe, esta sigue unas normas hechas de átomos que cambian, que ha su vez nos hacen estar en un cuerpo distinto cada instante.

La existencia atraviesa distintas etapas de evolución al igual que el universo en el Big Bang. Estamos aquí gracias al intercambio de materia, energía y antiguas estrellas. Somos un todo con el universo, por lo tanto al ser todo una coincidencia tan única se transforma en algo que no lo es.

Desde la mecánica cuántica, todos nuestros pensamientos son solo un impulso de energía e información que salen del mismo campo unificado que estructura y engendra todas las fuerzas de la naturaleza.

Finalmente es experimentado como la realidad material. Todos venimos del mismo lugar y de esos eventos cuánticos. El pensamiento es un evento cuántico y tu cuerpo físico es parte de ese mundo ya que es materia prima reciclada.

Si tú pierdes un brazo y lo reemplazas, seguirás siendo tú mismo, es decir que tus recuerdos, experiencias y tu conciencia no se verían afectadas. Si se te hace un trasplante de corazón, seguramente te sentirás mal y serías igual a pesar de que una parte de ti no es verdaderamente tuya. Pero según algunas creencias lo esencial en nosotros es nuestra alma o nuestro yo cuántico.

El caso es que tu cuerpo en su totalidad es completamente reemplazable excepto tú yo cuántico. Pero si ese tu, está en tu cabeza lo único que te permite ser tú es tu memoria. Ese conjunto de recuerdos y experiencias es lo que eres nada más.

Se cree que nuestro yo real prevalece en el cerebro. Una voz en tu cabeza que te permite ser consciente de tu existencia. Nuestras experiencias definen nuestra personalidad, es por eso que sufrimos cambios constantemente en esta conforme al tiempo.

Científicamente lo que nosotros llamamos realidad es una colección de experiencias. Además la ciencia busca una forma de entender nuestra percepción de la realidad cuando sabemos que eso no será posible por ahora. Cabe mencionar que no somos uno solo. Somos un conjunto de bacterias, átomos y moléculas que viven de manera unida con nosotros.

Creemos que nosotros tomamos nuestras decisiones y lo cierto es que eso es mentira. Ya que principalmente nuestra percepción de la realidad influye considerablemente en nuestra toma de decisiones. Nuestro cerebro y sus neuronas trabajan juntos para hacernos creer que somos nosotros los que tomamos las decisiones.

Tenemos un flujo constante de conciencia que nos acompaña desde que nacemos o bien eso es lo que nos hace creer nuestro cerebro. Eso es lo único nuestro realmente, y desgraciadamente está se apaga cada vez que te anestesian el cuerpo en una operación. Cuando te mareas o incluso cada noche al dormir. Cada día nace un nuevo tú que cree ser el mismo de ayer porque ese tú murió, pero creemos ser el mismo porque sencillamente aún conservas sus recuerdos y su forma de ser. Lo mismo que creerá otra persona que nacerá mañana en tu cuerpo cuando salga del sueño profundo, mientras que tú ya te habrás desvanecido de la existencia.

Tu cerebro es muy complejo al igual que el mío y el de todos pero este nos engaña cada noche al dormir. Imaginemos tres simples cosas que forman tu cerebro: Una biblioteca, donde se almacenan tus recuerdo y experiencias. Un bibliotecario que captura y transcribe la información a los libros. Y un orador que te cuenta todo lo que necesitas escuchar.

La biblioteca como algo a parte de nuestro ser se ve claramente en aquellas personas que sufren de Alzheimer. Personas como tú y yo, con sus sentimientos, su personalidad pero que parece que nacieron ese día. No saben quienes son ellos, ni los que lo rodean. No saben dónde están ni porque, al preguntarles parece que su vida comenzó ese día. Puesto que el bibliotecario y el orador son los encargados de evitar cosas como esas, lo hacen engañándonos. Diciéndonos que quienes escribieron los capítulos pasados, es decir tus experiencias y recuerdos fuiste tú, cuando en realidad fueron otros que ya desaparecieron y lo único que queda son sus recuerdos. Los cuales te hacen pensar que son tuyos. De hecho el día de hoy esos capítulos son tuyos pero no fuiste tu quien los escribió.

Ese flujo constante de información que nos envían nuestros sentidos nos hacen estar vivos. Estás leyendo esto y ese hecho te hace sentir vivo pero eso ¿acaso es real?

Ese flujo continuo de experiencias parecen ser parte de tu vida, pero tu existencia no depende de ellos. Si quitamos estas cosas, es decir tu cuerpo, tus recuerdos y experiencias te quedas totalmente solo. Simplemente queda tu yo cuántico, tu yo real

Cuando duermes tu cerebro sigue trabajando. Aún no sabemos del todo bien cómo funciona, pero se puede detectar mediante ondas de radio o fisiológicamente hablando pues aparece cuando un fluido llamado acetilcolina inunda el cerebro. En ese momento aparece entonces el ente pensante.

Desgraciadamente ese fluido desaparece cada noche al dormir desconectando al ente pensante. Por eso podríamos decir que cada noche te mueres. Todo en tu cuerpo sigue vivo, tus neuronas, tus células, eso no muere excepto tu esencia cada noche.

Además la actualización de la conciencia es periódica, es decir que se enciende y apaga en automático constantemente. Esto concretamente ocurre cada 140 milisegundos. Así que redondeando tú te mueres cada segundo y medio. Básicamente cada segundo nace un nuevo tú, este se adapta con los recuerdos pasados y es tan rápido que te permite vivir una vida cronológica. Ya que tú eres una cronología de recuerdos nada más.

Relatividad general

La teoría de la relatividad general de Albert Einstein es de la teoría del campo gravitatorio y de los sistemas de referencia. El principio de la equivalencia, describe la aceleración y la gravedad como aspectos distintos en la misma realidad. El espacio-tiempo no es absoluto ni independientemente entre ellos y para demostrarlo Einstein formuló un sencillo ejemplo.

Imaginemos que un tren corre a 100 km/h. Si una persona dentro del tren, llamemos lo el sujeto A, lanza una pelota a una velocidad de tal vez 20 km/h, para un observador parado junto a las vías del tren,
Llamémoslo sujeto B, las velocidades se suman y él vería a la pelota a 120 km/h. Digamos que el sujeto A golpeo con la pelota a otro sujeto dentro del tren, esa persona habría recibido el impacto a 20 km/h. Si el sujeto B lanza una pelota en tierra y golpea a otra persona pasaría lo mismo y esa persona sentirá el golpe a 20 km/h. Pero cuando hablamos sobre la luz todo cambia radicalmente.

La velocidad de la Luz viaja a 300,000 km/s en el vacío, así que para no dificultar los cálculos digamos que el tren se mueve en el vacío y el sujeto A enciende un láser apuntando a otra persona dentro del tren. Nuestra intuición diría qué haciendo esto en la tierra la velocidad de la Luz se sumaría a la del tren, es decir 100 km/h + 300,000 km/s pero, no es así.

Sabemos que las leyes de la física son iguales en cada marco de referencias si su velocidad es constante, y que la velocidad de la Luz es independiente del estado de movimiento de la Fuente o de cualquier observador. A través de esto Einstein dedujo que si la velocidad de la Luz era constante, lo que se modifica con el movimiento son el tiempo y el espacio mismo, y múltiples experimentos lo han demostrado. Por ejemplo si un astronauta está en el espacio por unos cuantos años al volver a la tierra estaría unos milisegundos más joven que todos en la tierra, debido a que la gravedad dobla el espacio-tiempo.

Imagina si pudiéramos viajar a la velocidad de la Luz o incluso acercarnos a ella, en ese caso entonces podríamos doblar el espacio-tiempo permitiendo un viaje en el tiempo. Aunque existe controversia sobre si se puede viajar al pasado o no estamos parcialmente seguros de que se puede viajar en el tiempo hacia el futuro.

El tiempo

Los seres humanos nos hemos inventado una forma de clasificar el tiempo, en función de la duración que tiene. Pero esta forma de contar el paso del tiempo no es universal. Además no es igual para todos los seres vivos. Mientras más pequeño más lento percibe un individuo la realidad. ¿Por que crees que cuesta tanto matar a una mosca o mosquito? No es que seas tonto o lento, en realidad la percepción del tiempo de estos insectos es diferente de la nuestra y para ellos nosotros nos movemos en cámara lenta. Para cuando tú estás levantando tu brazo, ellas ya han procesado que deben huir, gracias a su alto metabolismo. Por lo que efectivamente el tiempo no es el mismo para nadie. El tiempo es una percepción individual.

El tiempo que experimentamos los seres humanos es en realidad algo que crea nuestro cerebro, una ilusión y experiencia única de cada individuo. El tiempo real del universo por llamarlo de alguna forma va a 5.4×10 elevado al 44 poder FPS, (FPS = imágenes por segundo) cuando nosotros percibimos 45 FPS y las moscas 240 FPS por ejemplo.

Lo cierto es que ningún ser o individuo por más evolucionado que sea podría percibir esta rapidez o "calidad" nunca. A esta cantidad de tiempo se le conoce como Tiempo de Planck. La cual es la mínima cantidad de tiempo que se puede medir en el universo.

La unidad de tiempo más pequeña en la que se cumplen las leyes del cosmos se define como el tiempo que tarda un fotón en recorrer la longitud de Plank, la mínima distancia posible en el universo. Lo que podríamos llamar metafóricamente "los píxeles de la realidad", escala de tiempo más pequeña que simplemente no pueden ser medidas por algo en el cosmos. ¿Pero si algo no puede ser medido acaso existe?

El pasado y el futuro son diferentes, sin embargo no son distintos a izquierda y derecha en el espacio. Así que nosotros tenemos una percepción del tiempo lineal. Lo cual explica por que percibimos el tiempo de la manera en que lo hacemos. Nosotros vemos vasos caer y romperse, pero nunca vemos vasos rotos reconstruirse desde el suelo y volver a la mesa.

Además el espacio y tiempo pueden curvarse, por lo que hacer un viaje al futuro es posible excepto al pasado según nuestro entendimiento actual, sin embargo no es un no absoluto.

En 1971, científicos tomaron un reloj atómico y lo subieron a un avión que voló alrededor del mundo. Al aterrizar compararon el reloj con uno de la tierra y comprobaron que ambos estaban atrasados por mil millonésimas de segundo. Eso fue evidencia suficiente para demostrar que el movimiento afecta el paso del tiempo.

Durante el día experimentamos el tiempo como un flujo continuo. Podemos decir que para nosotros el tiempo es una serie de fotografías puestas una sobre otra que conforman la realidad. Pero para alguien ubicado a gran distancia de nosotros que se aleja a gran velocidad, nuestro presente no existe, puesto que solo existiría el pasado. De igual manera si este observador se acerca a nosotros podría ver nuestro futuro.

Bajo este concepto todo lo que ha pasado desde el Big Bang, el día de tu nacimiento y muerte existen en el mismo espacio-tiempo en un ahora. Y solo depende de la velocidad y de la distancia del observador que punto de la realidad se percibe.

La teoría de la relatividad propone que no hay presente singular, sino que todos los momentos son igual de reales y existen siempre, así hayan pasado hace mil años o cinco minutos. Pero esa es la teoría de la relatividad, cuando consideramos la física cuántica que estudia las cosas pequeñas todo empieza a complicarse aún más.

Pondré un ejemplo mejor conocido como el de la doble rendija: imaginemos un cañón del cual se dispararán partículas a través de una rendija. Las partículas que pasen por esa rendija crearán un patrón lineal en la pared trasera. Si hubiera dos rendijas, las partículas establecerían dos patrones lineales en la pared trasera. Ahora si hacemos lo mismo debajo del agua con ondas, la pared trasera sería impactada con mayor intensidad en el centro. Al haber ahora dos rendijas las cosas cambian
Importantemente pues las ondas se cancelan y crean un patrón de varias líneas de diferente intensidad.

Así que para resumir, si lanzamos partículas por dos rendijas se formarán dos patrones lineales en la pared trasera. Y si lo hacemos con ondas tendremos un patrón de interferencia con varias líneas.

Ahora si convertimos estas partículas en electrones se comportan exactamente igual que las partículas al atravesar una sola rendija, pero al lanzarlos en dos rendijas no hacen dos líneas en la pared trasera, sino un patrón de varias líneas muy similar al de las ondas en el agua.

¿Pero como es que pequeños pedazos de materia crean un patrón de interferencia como el de las ondas? La respuesta es muy extraña. Cada electrón llega a las rendijas como una partícula, se separa, interfiere consigo misma e impacta la pared como onda. Puesto que el hecho de que una partícula exista en dos lugares al mismo tiempo es simplemente ilógico, los científicos decidieron ver cómo es que esto pasaba, así que colocaron un instrumento medidor y lo qué pasó después fue todavía más increíble.

Al ser observado el electrón se comportó como partícula, lo que resultó en un patrón de dos ondas no en un patrón de ondas como lo hacía antes de ser observado. Cuando los científicos retiraron el equipo medidor los electrones volvieron a comportarse como onda. Era como si el electrón supiera que estaba siendo observado y decidiera comportarse de manera diferente.

La pregunta es ¿que tiene que ver esto con el tiempo? A medida que nos vamos encogiendo más y más, las leyes de la física dejan de predecir que va a pasar con un átomo, electrón, quark o incluso una cuerda. Ya que son muy difíciles de estudiar y predecir debido a que nuestras leyes literalmente dejan de cobrar sentido.

El experimento de la doble rendija es un hecho y nos hizo pensar si es que existen diversas realidades que cambian dependiendo si son observadas por una conciencia o no. Esto nos pone a pensar si la existencia de las cosas en el espacio y en el tiempo dependen totalmente de una conciencia observadora, pues sin conciencia no hay nada y nadie puede demostrar lo contrario pues el simple hecho de demostrarlo requeriría una presencia que lo haga consciente y por consiguiente lo haga real.

Tal vez lo que percibimos como tiempo no es más que la evolución de la conciencia. Posiblemente todos los ahora existen siempre y lo que percibimos como real solo es el viaje entre todas las posibilidades del universo y tal vez no podemos regresar en lo que percibimos como tiempo a los ahora pasados porque ya superamos a la conciencia que los percibió en su momento.

Tu casa no es la misma casa de ayer. Tu no eres el mismo de hace cinco minutos. Si recuerdas algo en el pasado lo estás recordando ahora con el arreglo estable de neuronas que crean esa memoria hoy. Si tú ves un fósil estás viendo un arreglo de átomos que crean el objeto hoy, su pasado es ahora y solo la percepción de tu conciencia lo hace lo que es en este momento.

Tal vez tu realidad no es más que la percepción de un sin fin de posibilidades que puedes experimentar y las percibes como es porque esa es la frecuencia de tu nivel de conciencia. Tal vez nuestra experiencia en la vida es como un radio que solo percibe las estaciones según las frecuencias que sintonice a pesar de qué hay cientos de estaciones transmitiendo al mismo tiempo.

Teoría de cuerdas

La física espera impacientemente encontrar una teoría del todo que explique desde la formación de los átomos hasta incluso el origen del universo. Y la teoría de cuerdas parece tener la respuesta. Pero unir a la mecánica cuántica y a la teoría de la relatividad parece ser algo muy complicado, pues tendría que explicar de qué está hecho todo lo que existe en el universo y porque es así.

El modelo estándar predice que las partículas de los átomos contienen en su interior, precisamente otras partículas elementales como bosones de gauge, leptones y quarks.

A pesar de que este modelo estándar aparenta ser consistente respecto a los experimentos ha dejado muchas preguntas. Por ejemplo ¿por que las fuerzas tienen ciertos parámetros arbitrarios llamados constantes y no otros? Y sobre todo ¿de donde sale la gravedad? En este contexto surge la teoría de cuerdas que de hecho son cinco teorías o más bien cinco enfoques diferentes.

Pero básicamente postula que las partículas subatómicas no son puntos sin dimensión como los convierte el modelo estándar, sino cuerdas de una dimensión, y su medida es la longitud de Planck, la medida más pequeña posible.

Estas cuerdas vibran y se mueven siguiendo diferentes frecuencias y patrones determinados por el espacio multidimensional en el que se mueven. La manera en la que vibran define que tipo de partícula forma, así coma la vibración de una cuerda de guitarra define qué nota se escucha.

Para ser matemáticamente coherente la teoría de cuerdas necesita que las cuerdas se mueven en diez dimensiones diferentes. Sin embargo según nosotros vivimos en la cuarta dimensión contando el tiempo, entonces ¿de donde salen las otras seis? Una explicación es que esas dimensiones extra son microscópicas, están de alguna manera enrolladas y escondidas en las escalas más pequeña posibles y las cuerdas existirían en un espacio multidimensional.

De ser reales estas dimensiones extras explicarían por qué observamos que ciertas partículas aparecen o desaparecen sin que sepamos de dónde vienen o adónde van. Estas cuerdas estarían hechas de energía pura. Y la materia está hecha de energía, algo consistente con la ecuación de Albert Einstein, $E=mc^2$.

Un problema de la teoría de cuerdas es que de ser cierta describe nuestro universo y sus leyes pero también describe millones de otras leyes y constantes que no existen aquí. Sin embargo, los que la defienden afirman que esto no es problema y que son leyes y constantes de otros universos.

Precisamente eso podría indicar que nuestro universo surgió de la colisión de otros universos, o de la división de un universo en dos. Ciertamente la posibilidad de que exista el multiverso es posible, sencillamente deberíamos estar en el universo donde esto sea permitido y de ser así entonces todo sería posible.

Multiverso

Imagina que existen infinitos universos en donde probablemente existen versiones distintas de cada uno de nosotros. En algunos universos las leyes de la física serían semejantes permitiendo la vida, o planetas como la tierra.

La hipótesis del multiverso plantea que antes del Big Bang ocurrió una inflación, una explosión exponencial debido a un efecto gravitatorio repulsivo, lo que es llamado falso vacío, es decir absolutamente toda la materia.

Durante la expansión la energía se transformó en algo similar a un mar de burbujas y en cada una de estas burbujas ocurrió un Big Bang, originando la existencia de múltiples universos a partir de un evento en común.

De ser cierta esta hipótesis podría existir un universo en el que tú escribiste este libro y yo lo estoy leyendo. Existe una infinidad de mundos en los cuales tú estás leyendo este libro pero con ligeros cambios, como por ejemplo, en otro universo estarías leyendo esto pero con una camiseta diferente, en otro con un corte de pelo distinto, etcétera.

También existirían universos en los que tú nunca naciste al igual que existen universos en los que ya estás muerto. En otros universos no estas leyendo esto y en vez estás jugando póquer, con dinero de Disney en Las Vegas. En otro los nazis ganaron la Segunda Guerra Mundial. En otro universo fuiste exitoso y millonario mientras que en otro eres pobre y llevas una vida miserable, las posibilidades son infinitas. Por lo tanto tú solamente eres uno más entre un número infinito de versiones idénticas a ti.

En algunos universos tus dobles son exactos a ti pero con cambios en su entorno y tiempo.

Pero obviamente no todo es tan simple pues de existir otros universos en algunos la vida nunca se desarrolló. Además significa que estamos en una superposición infinitamente infinita pero no solo nosotros, sino todo el universo entero, lo que causaría que se crearan universos distintos a cada instante.

El problema es que el universo continúa expandiéndose y cada vez nos alejamos más de estos universos paralelos. Debido al problema del horizonte el cual explica que ha medida que nos alejamos de la tierra el universo sigue expandiéndose y nunca podremos alcanzarlo. Es como si tú quisieras ir a visitar a un amigo tuyo que se encuentra al otro lado del mundo. Pero tú vas caminando y él estaría corriendo entonces a medida que tu te acercas a él caminando él se aleja corriendo y evidentemente nunca lo alcanzarás.

Este problema ocurre en el universo y es por eso que nos sería imposible viajar entre universos paralelos, al menos con la tecnología de hoy en día. Además conociendo las circunstancias dadas en nuestro sistema solar y la formación de nuestro planeta tierra, usando matemáticas podemos básicamente confirmar que ahí fuera en el universo debe de existir como mínimo y en el peor de los casos al menos 1 planeta igual al nuestro. De ser cierto el multiverso y de existir infinitos tu, podrías confirmar que esta vida no tiene sentido pues es sencillamente una de una infinidad sin sentido.

Suponiendo que existan infinitos universos también existirían infinitas leyes de la física lo cual desconcertaba a Stephen
Hawking. Él creía que en definitiva existen más universos pero no un número infinitos de ellos, lo cual también creen muchas personas, y eso fue lo último que intentó explicar matemáticamente.

Si no existieran infinitas posibilidades e infinitos universos, al menos habría más ya que eso es casi un hecho. Sin embargo aún no tenemos ninguna prueba de nada.

Por supuesto no dejare pasar la posibilidad de que exista Dios. Suponiendo que toda posibilidad sea posible significa que también puede existir Dios. Pero deberá hacerlo en un universo con leyes físicas que lo permitan. Y en nuestro universo al menos ya demostramos que nuestras leyes físicas habrían generado limitaciones para un creador. Sin embargo puede existir uno aquí en este universo con limitaciones y puede existir en otros universos pero con otras limitaciones o con poderes infinitos. Pero esto solo sería posible si todo evento fuera posible.

Muerte

Desde niños se nos ha enseñado que las personas mueren y que es algo por lo que todos pasaremos. Y aunque no sepamos ciertamente que ocurre después de la muerte no existe ninguna evidencia de que desaparezca la conciencia después de la muerte. Por tanto ¿Qué hay después de la muerte? ¿Al morir iremos al paraíso, al infierno o sencillamente a la oscuridad eterna? Es posible que la respuesta sea algo muy simple pero difícil de explicar, sin embargo haré mi mejor esfuerzo.

La muerte no existe como la conocemos, ya que si la existencia es infinita entonces la materia, la energía y todos los componentes de esta también lo son.

Nosotros somos materia combinada con lo que podríamos llamar vida, espíritu, alma o energía. Por lo tanto al ser existencia no tiene principio ni final ya que el tiempo no existe en ella. Sencillamente una regresión infinita sin sentido hacia atrás. De igual manera ocurre esto hacia adelante por consiguiente, nosotros tampoco tenemos principio ni final en la existencia.

Probablemente el universo comenzó en algún punto y terminará en otro, por lo tanto nuestra existencia no cambia nada en el cosmos y no importa en el mundo físico.

Se cree que en los agujeros negros no existe el tiempo al ser tanta la masa comprimida de la cual ni siquiera la luz puede escapar. La existencia al ser tanta masa, energía, etcétera, no existe en el tiempo, no tiene principio ni final y está conectada entre sí. Digamos que nosotros somos energía o "vida" que entró en la materia. Al morir simplemente la energía o la vida es incapaz de permanecer en la materia y busca un nuevo huésped o retorna a su lugar de origen o bien no ocurre nada.

No podemos crear nada de la nada, porque todo está creado, sin embargo todo se puede transformar. Cabe mencionar que la mente no es el intelecto, más bien es como un cáliz, es una energía, que tiene dentro ideas, preceptos, morales y palabras que están ahí. La mente es tuya y la mente tiene palabras, pero las palabras no son tuyas ni la mente es tuya. Es una formación que se te ha dado, para que luego la mente se abra y se disuelva en el todo.

Recuerdas lo del Big Bang, esa gran singularidad que colapsó formando nuestro universo. El inicio del universo, la muerte y el interior de los agujero negros son singulares porque no existe el espacio-tiempo en ellas. Si tu entras en el interior de un agujero negro, no existe el espacio-tiempo. Cuando el universo era una singularidad no existía el espacio-tiempo. Cuando morimos no existe el espacio-tiempo y pasamos a formar parte de la singularidad puesto que pasamos a ser simplemente energía.

Antes del Big Bang hubo una singularidad porque no pudo ser un
mini agujero negro y al morir irás a la energía. Nosotros somos masa que se mueve a velocidades increíbles, además suponiendo que el tamaño fuera relativamente no absoluto el multiverso entero podría ser un átomo de un universo mucho más grande por tanto el tiempo sería

más lento y podría ser que el universo ya se terminó y aún no nos ha llegado ese mensaje.

Entonces somos materia y energía combinados de los cuales la energía es la dominante. Al morir experimentamos un cambio al igual que cualquier otro ser vivo que tenga energía y volveremos a decidir.

Solamente dejarás de existir en uno de los universos. Lo cierto es que múltiples experimentos como el de la doble rendija o el gato de Schrödinger han demostrado que la realidad no existe a menos que la mires. Por consiguiente es posible que cuando llegue tu hora y mueras no serás consciente de ello ya que solo morirás para el observador pero tú yo real seguirá viviendo en otros universos paralelos.

Precisamente preguntarse qué hay después de la muerte es algo sin sentido ya que el tiempo no es algo lineal y no sigue leyes cronológicas, por tanto nunca podrás morir ya que para ti solo habrá existencia.

Un sistema cuántico como un átomo está en superposición cuántica, esto significa que sus propiedades se encuentran en varios estados a la vez. Las probabilidades de los diferentes estados de los átomos se describen mediante la llamada función de onda. Si se mide alguna de las propiedades, la función de onda colapsa y en vez de estar en varios estados se queda en uno solo. Pero esto solo ocurre en una escala atómica, es decir que los objetos grandes como las rocas y las personas se rigen por la física clásica y nunca muestran superposición cuántica o al menos eso creíamos. Ya que, Erwin Schrödinger se preguntó si el estado de un ser macroscópico depende de un objeto a escala cuántica, e ideó un experimento mental, mejor conocido como el gato de Schrödinger o la paradoja de Schrödinger, el cual consiste en lo siguiente;

Imagina que metemos a un gato en una caja, y en esta caja se encuentra un botón que al ser oprimido liberará un gas venenoso matando al gato, en ese caso pobre gato. De no ser oprimido el botón no pasaría nada, y el gato seguirá vivo, gato suertudo. Es decir que si el gato oprime el botón se muere y, si no lo oprime sigue vivo pero mientras la caja está cerrada nosotros no sabemos si el gato oprimió el botón o no, por lo tanto y según la mecánica cuántica el gato tiene 50% de probabilidades de oprimir el botón y morir, al igual que tiene 50% de probabilidades de no oprimirlo y seguir vivo. Pero entonces ¿el gato está vivo o muerto?

Mientras que la caja no sea abierta el gato estará vivo y muerto al mismo tiempo y solo el observador definirá su estado. Este experimento tiene diversas interpretaciones como por ejemplo la de Copenhague, la cual dice que en el momento en que se realiza la observación la función de onda colapsa definiendo el estado del gato, aunque también puede ser que cualquier cosa puede actuar de observador provocando que la onda colapse siempre.

Además existe la interpretación clara del multiverso, está predice que el gato está vivo y muerto al mismo tiempo pero en diferentes mundos, siendo así un universo en donde el gato está vivo y uno en donde está muerto. Esto significa que por cada evento cuántico la historia tendría más y más posibilidades, sin embargo esto pudo haber ocurrido desde el origen del universo y actualmente podrían existir incontables universos.

Aquí la analogía es que vives una única vida en múltiples realidades paralelas al mismo tiempo que componen el cosmos. En una realidad ya estás muerto para los observadores pero en otras no, ya que según la mecánica cuántica se puede estar en dos lugares a la vez. A pesar de que esto solamente se define en el momento que es observado y solo se muestra una solución de todas las posibles.

Es como si un día vas caminando alegremente por la calle y de pronto un auto te atropella debido a un descuido tuyo. Para los observadores tú mueres pero en otro universo eso no ha ocurrido porque no ibas distraído y sigues existiendo por lo cual nunca sabrás de que has muerto en el otro universo y la línea de eventos automáticamente se separa para que los dos eventos ocurran separados pero paralelos.

Según las probabilidades tienen un 50% de probabilidades de distraerte al igual que otros 50% de probabilidades de no hacerlo, pero más concretamente es la existencia simultánea de estados.

Al final gana el estado en el que pueda existir según tu punto de vista. Por tanto en este universo morirás mientras que en otro seguirás vivo. Este tipo de comportamientos en el mundo subatómico es algo de lo más normal, sin embargo en el macroscópico, el que vemos todos los días es mucho más limitado, puesto que solo percibimos una parte de la realidad porque para ser consciente de tu realidad necesitas estar vivo.

La muerte es el final de las sensaciones y estas son relativas. Al igual que el bien y el mal son definidos por las sensaciones, la muerte no es ni buena ni mala. Porque las cosas que creemos malas lo son simplemente porque las consideramos malas debido a la sensación que provoca. Si alguien se muere, un familiar por ejemplo, todos lo consideraríamos algo malo, pero solamente es malo en el caso de que sea considerado así. Básicamente la muerte real, lo que debería considerarse muerte es la no existencia. Y como somos uno solo no podremos asimilar ese evento. En otras palabras, si tú te mueres no te vas a dar cuenta de que te moriste.

El observador solamente verá una de las soluciones entre las múltiples realidades paralelas, ya que este mundo solo es una realidad entre la infinitas realidades posibles y el cambio de un universo a otro solo supone un cambio de estado no la muerte. Ahora mismo estás muerto en otro universo mientras que en este estás vivo porque existen observadores para definir ese suceso, sin embargo desde tu punto de vista solo puede haber existencia ya que de otro modo no podrías ser consciente de la realidad no absoluta en la que estás viviendo.

Se podría decir que algunas religiones llaman a esto reencarnación pero desgraciadamente se equivocaron en el concepto ya que no es exactamente reencarnación. Más bien es una superposición de estados cuánticos. El paraíso que comentan muchas religiones no viene después de morir, es una realidad alternativa en donde todo te ha salido absolutamente bien.

Todas las percepciones de la muerte fallan en una cosa, el hecho de que no existe el antes ni el después y no existe la muerte. Solo existe la existencia y tú eres parte de ella. Pero si tu vida y tu muerte dependen de un observador significa que la única forma de ser consciente de una realidad es siempre estar en el universo que te permita existir, por lo tanto si has muerto nunca lo sabrás, concepto parecido al del universo. Por tanto tu muerte será como si nunca hubiera ocurrido ya que no podrás asimilarlo, ¿acaso, recuerdas tu vida antes de nacer? Eso pensé ya que de otra forma no serías consciente en este momento.

Tu muerte solo podrá ser presenciada por los observadores a tu alrededor. Sin embargo el problema es que esta teoría, por ahora no puede confirmarse ni negarse, es decir que no es viable.

La gente suele personificar la muerte como si el ser humano fuera el centro del universo con derecho a continuar existiendo en otros niveles de la existencia y que según tu religión serás castigado o recompensado. Pero la física cuántica no habla de paraísos ni de castigos celestiales, sino de realidades paralelas, lo que significa que en la muerte cuántica da igual tu religión, tu raza, tus preceptos, tus morales, incluso da igual si eres un animal o una planta ya que en la muerte cuántica para un árbol, un humano y una mosca la muerte será igual, experimentará el cambio y listo.

Para el observador se acabó y no hay continuidad, pero independientemente sea la planta o la mosca, una roca o un pez, un humano o un gato, el proceso lo experimentan todos, con lo que para ellos la muerte nunca ocurrió. ¿Alguna vez has muerto? Cuando los demás mueren somos nosotros los que creamos esa ilusión a pesar de que en realidad solo es un cambio de estado infinito.

Mi consejo sería no tenerle miedo a la muerte. Ya que ciertamente existen dos posibilidades. O bien existe vida después de la muerte, en ese caso sería un viaje a lo inexplorado muy increíble y divertido, o sería un paraíso según la religión correcta, y en definitiva se descarta el infierno porque al ser parte de una religión es imposible. O bien no hay nada, y en ese caso sería como dormir, sin soñar y no despertar nunca, y afortunadamente nunca nos daríamos cuenta de nuestra muerte.

Básicamente a efectos cuánticos nunca morirás ya que la muerte no existe en sí misma, al ser una mera ilusión provocada por la mente del observador, sin embargo al existir universos paralelos y sucesos infinitos nunca podrás alterar ningún otro evento para evitar tomar decisiones equivocadas.

Podrías estar en un universo donde los sucesos provocaron tu muerte muy pronto, o tu quiebra financiera, o tu ruptura amorosa, etc. Y no podrás hacer nada para evitarlo ya que no importa en lo grande de la existencia.

Por lo tanto ¿acaso crees que esta vida importa? ¿Acaso crees que esta vida tiene sentido? Somos seres multidimensionales encerrados en esta realidad donde no somos especiales y no somos el centro de la creación ni del universo.

En conclusión sobre la vida podemos darnos cuenta que nuestro propósito es transmitir nuestra información genética y no dejar que se extinga y que en realidad existan los extraterrestres o no, podemos estar seguros de que estamos muy poco desarrollados en biología y tecnología, por lo tanto nuestro entendimiento y conocimiento en la actualidad puede ser que no este del todo correcto, y puede ser que incluso tengamos una mala perspectiva sobre la vida, la muerte y las religiones. Sin mencionar que la muerte no existe y sencillamente es un invento humano. Ya que al morir todos recibiremos exactamente lo mismo y probablemente sea una vida eterna. (algunos relacionarán esto con las religiones y puede ser que estén en lo correcto) Por lo tanto nunca moriremos y viviremos infinitamente. ¿Entonces qué sentido tiene esta vida si es efímera y sencillamente es un parpadeo de la existencia?

Nuestro miedo a la pérdida

Imagina que un día vas caminando por la calle y de pronto te encuentras 100 dólares. Tu felicidad será muy grande pero si para el día siguiente pierdes tu cartera junto con los 100 dólares, para la mayoría de personas el sufrimiento será mucho más grande que la satisfacción de haber ganado.

A pesar de que el valor absoluto de ambos hechos es el mismo, te quedas con esa sensación negativa. Y puede llegar a materializarse aunque todavía no hallas ganado ni perdido nada. Esto ocurre con el amor, el trabajo, la familia, la vida social, algún proyecto o trabajo importante.

Conozco personas que están en relaciones tóxicas y no salen de ahí porque piensan que estarían perdiendo algo mucho más grande e importante que lo que van a ganar con otra pareja. Otros incluso tienen miedo de perder su tiempo. He escuchado personas muy cercanas decir "pero invertí tanto tiempo en esta relación que si cortamos terminara siendo un desperdicio" y así es como justifican seguir con una persona que no va con ellos.

Esto también se ve mucho en las acciones. Si una acción sube y ganas dinero, la vendes rápidamente. Pero si una acción baja, te aferras a ella esperando que suba, debido a nuestro miedo a la pérdida. A pesar de que lo más lógico en ese caso sería comprar más acciones por que están más baratas.

Si te dan un nuevo trabajo y te pagan el 80% de anticipo tu rendimiento sería mayor ya que de no cumplir con el trabajo deberás ese dinero y lo perderás, de esta forma trabajarías mejor. Pero si te dicen que de acuerdo a cómo trabajes te pagarán todo cambia. Ya que aún no tienen nada que perder te da lo mismo ganar más o menos.

El punto es que nuestra inseguridad y temor a la pérdida no nos permite actuar de manera lógica. En nuestro mundo reina la inseguridad y el que parece más seguro es quien menos lo es. Debemos olvidarnos de ese miedo a la pérdida.

La analogía aquí es no sentirte mal por algo que no ha pasado. Digamos que le tienes miedo a la muerte porque te perderás cosas que nunca hiciste. En ese caso no deberías hacerlo.

A fin de cuentas el valor absoluto de ambos hechos es el mismo, así que da exactamente lo mismo si ganas o pierdes. No te sientas mal por algo que pasará y posiblemente no alcances a vivir, ya que eso sería miedo a la pérdida. Y temerle a la muerte por esta razón resulta siendo muy pero muy ilógico. Sin embargo las probabilidades de morir antes de lograr tus objetivos son muy altas por lo tanto es relativamente aceptable preocuparse por ello, por lo que yo recomiendo hacer lo que sea que quieras hacer, como y cuando quieras hacerlo. Si quieres ser pobre está bien, si quieres ser rico está bien, si no quieres hacer nada esta bien. No importa lo que hagas es totalmente aceptable porque no existen ningún valor absoluto, por tanto nada es correcto ni incorrecto, además te vas a morir. Si quieres ganar o lograr lo que sea que te parezca digno de ser ganado o logrado, primero debes superar el miedo a la pérdida y posteriormente el miedo a la muerte.

¿Debemos temerle a la muerte?

Lo más terrible que puede haber para un ser humano es desaparecer, así de simple. Nuestro miedo nace cuando la conciencia nace. Un miedo tan grande capaz de inventar cosas para no sentir miedo. El final representa el final de tus recuerdos, tus sentimientos, las experiencias de tu vida y cuando te acercas a eso, cuando ves personas a las que les pasa eso, te da miedo.

Y ese miedo crea e inventa razones y soluciones imaginarias, el cual se le conoce como Dios, un creador. Un Dios que nos protege, que nos vigila, que nos creó a su imagen y semejanza, que por cierto si creó leones, perros, piedras, árboles y demás, por qué razón somos el centro de la creación cuando sabemos perfectamente que lo más probable es que exista vida inteligente fuera de nuestro planeta que no tienen nada que ver con nosotros. Pero la gente dice que nos ama y que somos su creación, etcétera.

Al menos hoy en día no podemos saber si existe vida o no después de lo que llamamos muerte, sin embargo puedo decir con práctica seguridad que existen dos opciones.

O bien existe vida, un paraíso según las religiones o alguna otra cosa, ya sea un viaje espiritual, un descanso eterno, reencarnación, entre muchas más pero no sería el final de la vida. O bien no hay nada. Pero en ese caso no habría problema pues sería como dormir para siempre sin soñar, o cómo nunca haber nacido.

No existencia debería ser la definición correcta de muerte. Y si nosotros somos lo mismo que nuestro cuerpo no debemos sentir temor por nada ya que después de morir no existiría ningún tú para sentir algún sentimiento de no existir. Es decir (como ya antes mencionado) que si tú te mueres, no te vas a dar cuenta de que te moriste.

En cualquier caso sea cual sea la opción correcta no debemos tenerle miedo a ninguna opción. De hecho al morir deberíamos emocionarnos, puesto que nos aventuraremos en lo desconocido y descubriremos lo inexplorado. En lo personal esperare el momento impaciente y cuando el día de mi muerte llegue lo recibiré con un fuerte abrazo. Sin embargo me aseguraré de demorar mi muerte todo lo posible.

Temerle a la no existencia no solo es tonto, sino que también nos limita a disfrutar la vida. Si estás leyendo esto significa que estás vivo y que estás experimentando sensaciones, por lo que deberíamos preocuparnos más por crear mejores sensaciones y despreocuparnos sobre si estás se pueden acabar o no.

Algunas personas le tienen miedo a la muerte porque se perderán de cosas que quieren hacer. Por ejemplo, si tú te mueres en este momento no habrías terminado de leer este libro, no verías la película que esperabas ver, no habrías alcanzado tus metas y muchas cosas más, lo cual sería horrible. Pero cosas incluso mejores que estás ya ocurrieron en el pasado. Te perdiste el estreno de Star Wars en el cine, te perdiste los primeros cumpleaños de tus padres, te perdiste tu nacimiento, entre muchas cosas más. ¿Acaso te sientes mal por ello?

¿Si no te sientes mal por algo que ya pasó y no viviste, entonces por que razón sentirse mal por algo que no ha pasado y no vivirás? Esto se debe desde luego a nuestro miedo a la perdida ya que desde niños fuimos moldeados con la creencia de si hay o no una vida después de la muerte y como debería ser, pero lo cierto es que sea cual sea la opción correcta no debemos preocuparnos. En otras palabras vive la vida como tú quieras y no le temas a la muerte ya que no sufrirás de ella.

Extraterrestres

Alguna vez te has preguntado si estamos solos en el universo. En nuestra insignificante galaxia existen aproximadamente 400,000 millones de estrellas. De las cuales al menos 400,000 millones contienen planetas, ya que es muy raro que una estrella no tenga planetas. Pero la pregunta es ¿cuántos de esos planetas están situados a la distancia correcta de su estrella para albergar vida? No demasiado cerca del sol pero no demasiado lejos, un punto capaz de mantener una temperatura razonable como aquí en la tierra.

El tercer y el cuarto planeta de nuestro sistema solar por ejemplo, es decir la tierra y Marte contienen las capacidades para albergar vida como la conocemos. Por lo tanto dos planetas al menos sin contar el cinturón de asteroides podrían tener vida parecida a la nuestra por cada sistema solar.

Cabe mencionar que no necesariamente la vida debe ser igual a la nuestra, podría haber bien vida en júpiter por ejemplo. Vida muy diferente a la nuestra y por qué no podría ser vida inteligente precisamente con condiciones diferentes a las nuestras. Pero por ahora centrémonos en estos dos.

Digamos que por cada sistema solar existen dos planetas con vida, es decir 800,000 millones de planetas capaces de albergar vida en nuestra galaxia. (Contando el cinturón de asteroides serían 1,200,000 millones de planetas en nuestra galaxia) Por supuesto esta cantidad es increíblemente grande, así que seamos un poco generosos al respecto. En nuestro sistema solar por lo que sabemos solo existe vida desarrollada en la tierra, así que digamos que solo existe un planeta con vida por cada sistema solar, y evidentemente sería 400,000 millones de planetas con vida en nuestra galaxia. Sabemos que nuestro planeta debe tener un promedio de vida de aproximadamente 6,000 millones de años y si está se formó hace 4,500 millones de años, nos quedan 1,500 millones de años y la vida inteligente en cada planeta se desarrolla maso menos a ⅔ de su edad, esto significa que debe haber 130,000 millones de planetas con vida desarrollada y con la capacidad de comunicarse en nuestra galaxia.

Pero claro no existe solo una galaxia, existen alrededor de 200,000 millones de galaxias en el universo, y este se está expandiendo. Por lo tanto multiplicando estas cantidades, en nuestro universo deben existir al menos 260,000,000,000,000,000,000,000 de civilizaciones inteligentes. Pero entonces ¿Si existe tanta vida inteligente ahí afuera porque no nos hemos topado con alguno?

La vida inteligente fuera de nuestro planeta debe ser más desarrollada que la nuestra a pesar de que deben existir excepciones. El hecho de tener tanto tiempo de ventaja para evolucionar biológica y tecnológicamente los hace ser superiores a nosotros, es por eso que al tener diferencias en capacidades, costumbres y creencias podrían ser o bien amigables o bien todo lo contrario. De ser lo segundo significa que estamos en peligro puesto que podrían atacarnos, esclavizarnos entre otras cosas. Sin embargo puede ser que no lo hagan porque nos verían como una civilización subdesarrollada. Es como si fueras a otro planeta en donde existen hormigas. No podrían esclavizarse ni mucho menos.

Escala de Kardashov

El astrofísico ruso, Nikolái Kardashov en 1964, propuso La escala de Kardashov, un método para medir el grado de evolución tecnológico de una civilización, el cual contiene tres categorías. Posteriormente diversos astrónomos han ido agregando tres categorías más para tener así una escala con un total de seis tipos o siete si contamos el número cero. Mejor conocidas como Civilizaciones Tipo 0, 1, 2, 3, 4, 5 y 6, basadas en la cantidad de energía que una civilización es capaz de utilizar.

Kardashov sabía que mientras más crece y avanza una civilización más aumenta su demanda de energía, debido a su demanda poblacional y necesidades energéticas de sus diferentes máquinas y dispositivos. Cada tipo tiene un avance increíble con respecto al anterior.

Los seres humanos aunque pensemos que somos una raza inteligente y avanzada lo cierto es que ni siquiera somos una civilización tipo 1. En realidad somos una civilización tipo 0.73 según Carl Sagan
pero posiblemente lograremos ser una civilización tipo 1 en aproximadamente 100-200 años.

Tipo 0

La lógica hace pensar que podrían ser las más abundantes en el universo. En ellas aún exigiendo vida desarrollada no se harían ningún esfuerzo tecnológico para la obtención de energía, limitándose a la capacitación natural de las entidades biológicas que lo poblarán.

La tierra incluso durante las primeras civilizaciones humanas habría tenido esta consideración de cero, por ser básicamente despreciable la captación y el aprovechamiento energético que realizaban. Y aunque tampoco podrían considerarse civilizaciones en sí en todos los casos. Los planetas o lunas sin vida desarrollada, o con vida desarrollada pero no inteligente, o con vida desarrollada inteligente no tecnológica, se podrían agrupar en este tipo ampliado.

Una civilización tipo 0 tendría la capacidad únicamente para aprovechar la energía y materias primas que extrae de materia orgánica y recursos naturales. En nuestro caso serían la madera, el carbono y el petróleo. Decepcionante resulta esto puesto que los humanos clasificamos en esta civilización y no fue nada fácil. Nos ha tomado 200,000 millones de años para ser lo que somos hoy en día.

Tipo 1

En el caso de la tierra para acceder a tipo 1 deberíamos manejar una cantidad de energía cercana a unos siete por diez elevado a diez y siete vatios. Lo que actualmente daría una clasificación para nuestra civilización de aproximadamente 0.7 en la escala Kardashov. Sería multiplicar el consumo actual más de quinientas veces para alcanzar esto. Una civilización tipo 1 tiene la capacidad de aprovechar la energía y los recursos totales de su planeta hogar. Ya sean fuerzas marítimas, eólicas, la luz solar o cualquier otro tipo de energía que pueda ser extraída del planeta. Esto supondría que además tendría control sobre el clima, erupciones volcánicas y terremotos. Incluso la capacidad de influir sobre la flora y fauna mundial además de las formaciones geológicas.

Este puede parecer algo muy extravagante pero observando nuestro pasado nos damos cuenta que nuestros avances en tecnología son exponenciales y aumentan cada vez más rápido. Tan solo piensa como ha avanzado la tecnología en los últimos 60 años. Queramos o no es ahí a donde nos dirigimos y llegaremos a ese punto en los próximos 100-200 años.

Tipo 2

Una civilización tipo 2 tiene la capacidad para aprovechar la energía total de su estrella. Esto supone la realización de construcciones gigantescas y perfectamente eficientes. Como la esfera de Edison por ejemplo. Además en teoría una civilización tipo 2 también tendría control sobre las órbitas de los demás planetas del sistema estelar. Principalmente con los asteroides y cometas. En conclusión un dominio total de su sistema solar.

Esto sería muy útil ya que si por ejemplo los humanos viviéramos el tiempo suficiente para alcanzar este nivel de avance y un objeto del tamaño de la luna entra en nuestro sistema solar con dirección hacia nuestro planeta podríamos destruirlo o incluso mover nuestro planeta fuera de su alcance o mover a júpiter o a otro planeta para que colisione contra este por ejemplo. Lograríamos así un control sobre nuestra propia extinción y al menos no moriríamos por causas naturales.

Tipo 3

Aquí se encuentra la ciencia ficción, ya que ahora hablamos de una civilización galáctica. Es decir con la capacidad de aprovechar la energía total de una galaxia.

Una civilización tipo 3 se extendería a lo largo y ancho de toda la galaxia llegando a colonizar la y controlar numerosos sistemas solares. Estaría en la capacidad de aprovechar, almacenar y utilizar la energía expulsada por todas las estrellas pertenecientes a esa galaxia.

Utilizarían a los planetas como si se tratara de bloques de construcción con la capacidad de moverlos de un sistema solar a otros, fusionar estrellas, absorber supernovas e incluso el poder para crear estrellas. Puesto que ya pueden utilizar su sol sabrían cómo utilizar tecnología de este tipo y posteriormente sería cada vez más fácil drenar la energía de más y más estrellas. Además los individuos de una civilización de estas características serían considerados por nosotros como semidioses. Y si fueran humanos de cientos de miles de años de evolución tanto biológica como tecnológicamente hablando puede provocar que estos seres sean muy diferentes de la raza humana actual.

Estos individuos podrían ser mitad organismos biológicos y mitad máquinas. Estos verían a los humanos actuales como seres sumamente inferiores poco evolucionamos o incluso discapacitados. Pero una civilización de este tipo habría desarrollado colonias para auto replicarse ya que de otra forma cómo alcanzaría cada espacio de la galaxia sin mencionar la velocidad de la Luz. De esta forma la limitación de distancia y velocidad para viajar y colonizar la galaxia no existirían.

Tipo 4

Kardashov creía que hablar de una civilización tipo 4 era demasiado avanzado por lo que la escala original solo cuenta con tres.

Esta civilización entra en un terreno que ya es difícil siquiera de imaginar. Una civilización tipo 4 sería capaz de utilizar la energía de todo el universo, algo realmente surrealista. Podrían atravesar la expansión del universo cuando se trata de espacio y así viajar a cualquier punto del cosmos, aprovechando así la energía de cada galaxia.

Sería una civilización tan avanzada que podría incluso manipular el espacio y tiempo convirtiéndola en una civilización claramente indestructible y utópica.

Tipo 5

Una civilización de este tipo tendría la capacidad de aprovecharse del multiverso. Bienvenido al mundo de la metafísica. Ahora deja a un lado tu sentido común y cualquier tipo de limitación. No hay duda de que este concepto es producto de la creciente popularidad de la teoría de cuerdas.

La civilización tipo 5 puede avanzar sin estar limitada incluso aunque suene irónico por lo vasto de su universo. Estarían en la capacidad de abarcar innumerables universos paralelos y manipular la estructura misma de la realidad. Aunque es difícil de imaginar lo, no eres el único, ya que este concepto escapa de nuestra comprensión.

Tipo 6

Una civilización de este tipo incluso más abstracta e incomprensible a la anterior existiría fuera del tiempo y del espacio. Tendría la capacidad de crear universos y destruirlos igual de rápido. Similar al concepto de una deidad.

Estos seres habrían alcanzado un nivel divino, omnipotente y omnipresente. Es difícil imaginar cómo podrían existir individuos de este tipo y cómo serían sus historias. Su perfección y naturaleza indestructible no daría ninguna clase de conflicto.

Sin duda los seres humanos estamos muy lejos de alcanzar algo como eso, pero nada dice que no sea posible. Debemos empezar por ocuparnos de nuestro propio planeta. Para ello debemos preservar nuestros recursos, acabar las guerras y seguir con los avances y descubrimientos científicos.

(En realidad aquí entra la posibilidad de que una civilización superior nos haya creado.)

Paradoja de Fermi

Una vez más la estadística se enfrenta a la evidencia. Sabiendo que en el peor de los casos en el universo existen 260,000,000,000,000,000,000,000 de civilizaciones inteligentes, el italiano, Enrico Fermi creó una paradoja al preguntarse ¿dónde están todos?

La primera explicación para explicar por qué nadie nos ha visitado es porque realmente estamos solos en el universo y en realidad no hay nadie. Es decir que todos los cálculos que nos hacen creer que el cosmos está lleno de civilizaciones avanzadas están mal y que la vida es algo muy pero muy poco probable. Estamos solos porque podría ser que ninguna civilización tuviese un control sobre el universo ya que por alguna razón todas desaparecen irremediablemente por algún motivo antes de llegar a un punto evolutivo. Según esta teoría toda vida se encontrará con acontecimientos que harán imposible su supervivencia, ya sean catástrofes cósmicas, ecológicas, auto extinción, etcétera. A esto se le conoce como el gran filtro. Podría ser un salto evolutivo seguido de dos más para llegar a el gran salto y así a una civilización avanzada. Suponiendo que esto fuese cierto significa que la especie humana es terriblemente especial en todo el universo. O bien aún no damos ese salto, y todas las civilizaciones las cuales han pasado por ese filtro se han extinguido y ese es nuestro destino, nada más y nada menos que la extinción.

La segunda explicación es que debido a que nosotros llevamos en la tierra 50,000 años, muy poco tiempo en la escala del universo, cuando nos visitaron encontraron vida muy poco avanzada. O bien estamos acompañados pero sencillamente aún no lo sabemos, no los hemos encontrado y viceversa. La vida inteligente en nuestro planeta es muy reciente y por tanto puede ser que hace mucho tiempo los extraterrestres hayan venido a la tierra pero no encontraron vida desarrollada y no lo sabríamos porque éramos demasiado primitivos. Además puede ser que la vida extraterrestres está ahí pero no somos capaces de ver las evidencias.

La tercera explicación es que a nadie le importa la tierra y estamos en una zona rural lejos de los suburbios. Incluso puede ser que existan civilizaciones depredadoras y nadie emita ninguna señal para no ser descubierta. Entonces los humanos seríamos los recién llegados y estaríamos haciendo el ridículo generando un montón de ruido.

La cuarta explicación es que nos están observando. Al igual que nosotros observamos insectos o animales en sus hábitats naturales, se nos hace más fácil mirarlas cuando ellos no saben que lo hacemos. Entonces podría ser que nos observen y estudien precisamente como un zoológico. ¿Pero porque nos observan? Aquí pueden surgir muchas respuestas pero puede ser que sea simplemente por entretenimiento, por curiosidad, por que son tan inteligentes que deben saber lo todo, o hasta cabe la posibilidad de que nos usen para algo. Pero tal vez son muy inteligentes que no pueden contactarse con nosotros. Intenta tener una conversación con un gusano, y veremos como te fue. Tal vez tenemos algo que ellos quieren, ya sea nuestro planeta, nuestros recursos, a nosotros o nuestras conciencias y almas si es que existen. La verdad es que puede ser que nos usen para algo lo cual estaría entrelazado con el hecho de que muchos creen que es el gobierno quien los oculta. Que probablemente existe la posibilidad de que ya estamos en contacto con extraterrestres pero solo el gobierno tendría acceso a esto y sería algo muy confidencial.

La quinta explicación es que de alguna manera la vida extraterrestre ha trascendido el mundo físico y por eso nos sería imposible comunicarnos ya que sería como si nosotros intentamos hablar con las bacterias.

La sexta explicación es que estos seres son de otras dimensiones y no somos capaces de verlos, ni siquiera de imaginar cómo serían.

La séptima explicación es que puede ser que seamos una simulación de computadora de los verdaderos extraterrestres y bien nuestras vidas podrían ser artificiales y ni siquiera podríamos comprenderlo, o algo mucho peor para nosotros.

La octava explicación es que puede ser que en realidad somos los más viejos en el universo y somos los más desarrollados o viceversa y en realidad no somos especiales y somos sencillamente gusanos más del universo.

Por último cabe mencionar que muchas personas creen firmemente en que los extraterrestres ya nos colonizaron y ya están aquí entre nosotros pero sencillamente forman parte de una conspiración global a la que muchos atribuyen como la élite o los Illuminati. Pero en conclusión nuestra existencia es efímera y relativamente no importa en ninguna escala ya que ninguna es absoluta.

No somos inteligentes

¿Te consideras una persona inteligente en comparación con las demás especies de nuestro planeta? Honestamente es posible que si. Pero tomando en cuenta el entretenimiento, la política, la religión y las multinacionales, todos afectándonos constantemente, lo cierto es que nos vuelven tontos.

Acaso crees que las redes sociales deben clasificarse como entrenamiento. Obviamente las redes sociales ayudan en muchas cosas pero no hay duda de que son tan buenas como malas. Nos están acabando, y eso pasará también en el futuro con lo que vendrá, la inteligencia artificial por ejemplo, si no sabemos controlarla terminará por hundirnos a todos. Un pequeño error que no somos capaces de calcular por qué no somos tan inteligentes terminará provocando una gran catástrofe incluso la extinción de la raza humana.

Algunos dicen que nuestro cerebro tiene límite, algunos dicen que nuestro cerebro tiene una capacidad ilimitada y otros dicen que ni siquiera usamos el veinte por ciento de este. La verdad es que no podemos saberlo simplemente porque no somos tan listos.

En el pasado la gente era muy tonta a comparación de ahora y eso no lo podemos negar, me refiero a miles de años en el pasado. Debido a que nosotros somos como dioses por así decirlo para el pasado, que crees que será el futuro para nosotros. La verdad es que nos falta mucho en todos los sentidos para poder ser una civilización tipo uno al menos y como eso depende no podemos garantizar nada.

En algún momento podremos sin duda alguna aprovechar toda la energía de nuestro planeta, a pesar de que tenemos un gran camino por delante, estará prohibido detenernos.

En este momento no somos nada, no fuimos, somos o seremos nada de nada, y encima nos volvemos idiotas nosotros mismos. Básicamente nacemos "genios" para nuestro tiempo y nos vuelven tontos, a excepción de ciertas personas que tienen suerte.

El humano es sin duda alguna un ser sumamente complejo con increíbles habilidades que tardaron millones de años en presentarse en la tierra. Y según nuestra propia definición somos la única especie inteligente en nuestro planeta. A pesar de esto y aunque nuestra especie está muy por encima de la vida animal que habita el planeta tierra, nuestro cerebro posee características que nos convierten en seres sumamente vulnerables a tomar decisiones erróneas. No solo decisiones instintivas como las que tomaría un animal para sobrevivir de un depredador u otros aspectos instintivos que están escritos en nuestros genes. Si no que nuestra capacidad de tomar decisiones de manera colectiva nos convierte en una especie sumamente vulnerable a provocar incluso nuestra propia extinción.

Hoy en día y después de décadas de exitoso desarrollo científico, así como la increíble cantidad de descubrimientos que ha hecho nuestra civilización, es difícil saber si somos una especie inteligente. La respuesta aunque podría ser muy obvia podría ser incluso muy difícil de responder.

Analizando a fondo los aspectos fundamentales de nuestro desarrollo como especie, es verdad que como civilización hemos revelado grandes misterios sobre el funcionamiento de la realidad, así como el hecho de conocer las leyes físicas que rigen el universo, nos convierte en una especie sumamente desarrollada en comparación de cualquier otra forma de vida conocida. Hoy en día podemos manipular grandes aspectos de la naturaleza y convertirlos en instrumentos que han transformado por completo nuestra civilización.

Cualquier persona con poco análisis podría concluir al mirar lo que hemos construido como especie que sin duda somos seres inteligentes en relación con nuestra propia escala. Pero en cuestiones evolutivas a gran escala así como cuestiones neurológicas, nuestro cerebro quizá no es el instrumento brillante que creemos. Quizá como especie hemos alcanzado un alto nivel de desarrollo pero estos descubrimientos científicos que nos han permitido avanzar como especie han sido logrados por individuos singulares que podríamos considerar por encima del resto. Nuestro cerebro es capaz de comprender las leyes que controlan el universo que fueron descubiertas por Einstein, Newton, Galileo, entre otros. Sin la ayuda de estas grandes mentes no podríamos haber alcanzado conclusiones científicas verdaderas, es decir que aunque nuestro cerebro es capaz de comprender los increíbles avances científicos que lograron estos genios a lo largo de la historia de la humanidad, es muy difícil para un cerebro llegar a estas conclusiones por sí solo.

El común denominador de nuestra especie es la de un ser con capacidades de comprensión básicas. Es por eso que solo un muy poco porcentaje de la población mundial se dedica a desarrollar la ciencia y la tecnología. Gracias al enorme esfuerzo de estas personas hoy gozamos de una enorme comprensión sobre el funcionamiento del universo así como de enormes avances científicos que hacen mejorar nuestra calidad de vida, pero lamentablemente como especie aún somos seres muy poco desarrollados.

En un hipotético escenario en el que somos visitados por civilizaciones extraterrestres, seguramente estas especies nos verían no solamente como seres inferiores sino que llegarían a la misma conclusión que intento difundir. El ser humano no es un ser inteligente.

Si tu quisieras hablar con un extraterrestre muy inteligente y más desarrollado sería lo mismo que intentar tener una conversación con una hormiga. Y si les pides que nos enseñaran algo no podrían por qué no podríamos entender, sería como intentar explicarle el Internet a una hormiga.

Pero todo esto se debe a la forma en la que el cerebro humano piensa. El razonamiento es una de las principales características del ser humano y hoy en día gozamos de tener un método que gracias a la experimentación nos ha llevado a comprender grandes aspectos del universo, solo debemos de pensar en las miles de personas alrededor del mundo que al parecer no tienen la inteligencia que deberían de tener.

El ser humano es incluso capaz de matar a otro individuo por el simple hecho de pensar diferente y esta cualidad está muy bien explicada y comprendida por la neurología. Esto nos ha llevado como especie a una enorme cantidad de enfrentamientos a lo largo de la historia y estos enfrentamientos y guerras podrían continuar hasta el final de nuestros días como civilización.

Quizá el hecho de no haber sido visitados por seres de otros planetas, es tan simple de explicar por nuestra clasificación como especie primitiva y con un desarrollo evolutivo sumamente bajo en comparación con especies realmente inteligentes. Es decir que el ser humano sencillamente no es un ser inteligente.

Definición de vida

¿Tienen algún sentido los árboles? ¿Algún propósito las piedras? ¿Alguna función las montañas o las estrellas? Qué me dices sobre la vida. ¿Acaso la vida tiene algún propósito, sentido o función? Me puedes responder si ¿estás vivo?

Supongo que obviamente tu respuesta será que definitivamente estás vivo, pero qué opinas sobre las rocas o las plantas. La línea que separa lo vivo de lo inanimado aún no la tenemos muy clara y es por eso que la definición de vida es muy complicada.

Básicamente la vida se define como algo capaz de nacer, crecer, mantenerse, responder a estímulos externos, reproducirse y morir. Por lo tanto sabemos que el ser humano podría ser perfectamente considerado un ser vivo.

Los virus son organismos con la capacidad de reproducirse infinitamente los cuales no poseen estructura celular, cuando las células son consideradas la unidad básica de la vida. Ejemplos como estos demuestran que la vida es algo muy difícil de definir.

Creemos saber lo que está vivo y lo que no. Todos sin dudarlo afirmaríamos que un gato es un ser vivo y una silla no. Un pez está vivo y una piedra no lo está. Pero los virus complican la definición de vida aún más. Los virus están vivos según la definición de vida al igual que el fuego. El fuego nace, se reproduce y muere, entonces ¿debería considerarse el fuego algo con vida?

El valor de la vida

Si tú matas a un insecto, posiblemente no te sentirás mal porque sencillamente es un insignificante insecto. Pero matar incluso a un animal más grande es exactamente lo mismo que matar a uno pequeño. La diferencia entre una rata y un perro por ejemplo, son muchas pero ellos al igual que nosotros y todos los seres vivos en el planeta tenemos un común denominador.

Comencé a cuestionar eso y me pregunté ¿Cual es la diferencia real entre una rata y un perro? Obviamente son muchas, eso está claro, pero mi gran duda era ¿como definimos el valor de un ser vivo?

Un ratón es pequeño, sucio, feo y desagradable para la mayoría de mamás en el mundo. En cambio un perro es el mejor amigo del hombre y por eso le damos mucho más valor a la vida de un perro que a la de un pobre ratón. Pero pensando más a fondo en la diferencia de un ratón y un perro, más allá de su aspecto, tamaño, alimentación entre muchas más, independientemente si es feo o no, si es pequeño o grande, si es el mejor amigo del hombre o no, siguen siendo seres vivos.

Eso significa que la vida de una rata vale exactamente lo mismo que la tuya, porque estamos hablando de vida. Entonces, por ejemplo ¿cual es la diferencia entre una rata y un ser humano? Desde luego una rata, no es nada mas que una simple rata y según nosotros no vale nada simplemente por serlo. Las diferencias son demasiadas pero la más grande y la más importante es la inteligencia.

Un niño tiene el mismo valor que el de un hombre adulto sin importar su tamaño. Y esto no solo ocurre con los humanos, también ocurre con los animales. Así que el tamaño de cualquier animal no importa para definir su valor. Básicamente lo más importante a la hora de decidir cual animal vale más es la inteligencia, aunque esto sea abstracto.

Por eso creemos que un ser no tan inteligente como
nosotros vale menos que un ser humano, cuando en realidad sigue siendo vida. Las otras especies conocidas menos desarrolladas a la nuestra, a pesar de no tener nuestra inteligencia siguen estando vivos. ¿Que pasaría si, estando a punto de matar a una rata, esta te dijera, "¡no me mates por favor!"? ¿Habría sido lo mismo que un ser humano?

Estas a punto de matarla y de pronto esa rata te dice que no quiere morir, y que quiere vivir. En ese caso todo sería diferente. Si ocurre lo mismo con un ser humano, digamos que le estas apuntando con un arma a una persona y estás a punto de matarla pero de pronto antes de hacerlo te dice "¡no me mates por favor!", esa pequeña frase generará un gran impacto en tu conciencia, ética y moral. Ya que al ser un individuo consciente de la vida como nosotros nos hace sentir mal.

Creemos que la vida de una hormiga, rata, perro, venado o cualquier otro ser vivo del planeta vale menos que nosotros por el simple hecho de ser y pensar diferente a nosotros. Lo cierto es que la vida es vida, sea inteligente o no, por lo tanto vale lo mismo. A menos claro que decidamos que la vida tiene valor de acuerdo con su inteligencia, pero en se caso no sería un hecho, sino una perspectiva.

El sentido de la vida es individual

Estamos en un universo con componentes exactos y fuerzas como gravitacional, electromagnética, nuclear fuerte y débil donde estas cosas permiten de manera aleatoria la vida. De haber variado tan solo un 0.0001% la vida no sería posible. Lo que nos lleva a pensar que somos sencillamente arte del azar y que tenemos mucha suerte de existir. Al ser imposible las probabilidades de vida se dio de todas formas por lo tanto somos especiales. O bien somos producto de un creador, según muchas personas, ya qué nuestro universo está perfectamente diseñado para existir y permitirnos la vida. Pero dejan pasar la posibilidad de qué tal vez el universo es imposible y fuimos nosotros quienes nos adaptamos a él.

Sea cual sea la razón por la que nuestro universo aparentemente es tan perfecto seguirá siendo cuestión de perspectiva. Si tú crees que el universo es perfecto debió a un creador es porque las circunstancias se dieron para permitirte pensar eso. Al igual que las circunstancias se le dieron a una persona para afirmar que el universo es una casualidad o que Dios no existe, ya que el sentido de la vida es individual.

Al ser infinita la existencia todo es posible. Un buen ejemplo para demostrar mi afirmación sería el siguiente: imagina que tenemos un cuarto lleno de monos. Y todos ellos estarán presionando de manera aleatoria teclas con letras y números por un tiempo infinito. Si los monos hicieran eso por un tiempo infinito podemos decir con práctica seguridad que en algún momento escribirían todos los libros existentes, ya que tendrían todo el tiempo necesario para lograrlo.

Ahora piensa en que la existencia no solo contiene letras y números, la existencia contiene una infinidad de recursos y el tiempo del mundo para crear lo que sea. Por lo tanto cualquier variable posible existe, tal vez en diferentes universos o en diferentes momentos del tiempo.

Vivimos casualmente en un planeta capaz de albergar vida. ¿Cómo surgió la vida? Bueno sabemos casi con total seguridad que de acuerdo a la ciencia la vida se originó en un medio líquido. Hasta que un día surgieron moléculas que podían hacer copias de sí mismas. Las copias fueron creando características únicas permitiendo la supervivencia del más fuerte, lo que llevó a seres multicelulares. A pesar de que la vida es una historia hermosa debemos entender que fue una casualidad y que ni tu, ni nada, ni nadie es especial.

No te diré que el sentido de la vida es 42 ni mucho menos, más bien te diré el objetivo de todos los organismos vivos en el mundo. Ya que siendo algo que toda la vida hace y cumple sin cuestionar debe ser su propósito, y está se cumple automáticamente, o puede ser que estamos completamente equivocados en el concepto y no tengamos ni idea de lo que estamos hablando. Es decir que la vida en sí, posiblemente tenga una función creada a partir de un comienzo, la cual hemos estado cumpliendo durante millones de años inconscientemente. Por otro lado y suponiendo que el sentido de la vida no sea absoluto, significa que el sentido de la vida en realidad es individual. Y en el caso de que el propósito de la vida sea algo que debe buscarse o ser encontrado, entonces te deseo mucha suerte, si es que existe.

Sabemos que lo más importante para la vida es asegurarse de la continuación de su especie. Es decir que lo único que prevalece en el tiempo es la información genética de cada especie, mejor conocida como ADN. La vida básicamente no es nada más que información luchando por existir.

Nada importa

Los dilemas existenciales siempre nos han perseguido y atacado a lo largo de nuestra vida, por lo que me veo en la necesidad de intentar brindar una solución a dicho problema.
La cruda verdad es que existe gente muy estúpida, la cual no es capaz de darse cuenta de que su vida carece de significado, por lo que son personas muy felices. Pero si es el caso, de que no eres tan tonto, y puedes darte cuenta de ello, entonces significa que sufres más que el resto y evidentemente necesitas una solución inmediata. Por más ridículo que parezca es la verdad. Mientras más inteligente seas más infeliz eres. Y mientras más tonto seas más feliz eres. Así que tu decides entre estas dos opciones, sin embargo y en el caso de que no te agraden estas soluciones como a mí, te ofrezco otra alternativa.
Albert Camus fue un filosofo, el cual nos hablo sobre la teoría del absurdismo, o filosofía del absurdo. Según su teoría, el mundo carece de significado predeterminado, pero nosotros a sabiendas de esto siempre lo estaremos buscando.
Camus ejemplifica esto mediante su llamado, mito de Sísifo, una historia en la cual un rey es condenado por los dioses a subir una gran piedra por

una colina, misma que resbalara al llegar a la cima, solo para
que Sísifo la vuelva a subir. Pero no debemos sentirnos mal por Sísifo, ni por nosotros, ni por nadie, ya que Camus al igual que yo, decía que existen varias formas de lidiar con dicho problema.

La opción numero uno es el suicido físico, cosa que no recomiendo ya que no seria resolver el problema sino huir de el.

La opción numero dos es el suicido filosófico, es decir buscar significado en algo como las religiones, cosa que en mi opinión es una perdida de tiempo.

La opción numero tres es la aceptación. Básicamente aceptar que no hay respuestas y disfrutar de la vida a sabiendas de esto, opción que recomiendo.

Mucha gente al no encontrar significado en su vida se proponen metas y se dicen a si mismos que nacieron para determinado acto. Sin embargo, solamente estarían siendo parte del engañados, al igual que Sísifo. Ya que tener un propósito para la vida, dado por nosotros mismos resulta un dogma y un ciclo sin fin. Por eso la mejor opción es aceptar que las cosas, la vida y la existencia misma, simplemente no tienen sentido.

Una vez que hayamos aceptado todo, lo mejor seria hacer cualquier cosa que queramos, como, donde y cuando queramos. Ya que a fin de cuentas todos vamos a morir.

Tu vida es absurda y lo sabes, no te resistas, solo acéptalo.

www.ingramcontent.com/pod-product-compliance
Lightning Source LLC
Chambersburg PA
CBHW021953170526
45157CB00003B/969